INHALT

Dein erstes Physikbuch

„Wenn du eine ausführliche Antwort haben willst, dann hole Papier und Bleistift“, sagt Ingas Opa immer dann, wenn sie mit einer Frage zu ihm geht, die sie alleine nicht beantworten kann. Meistens muss sie auch noch ein Lexikon oder ein bestimmtes Buch aus dem Bücherschrank besorgen und dann geht es los mit der Suche nach der ausführlichen und verständlichen Antwort auf Ingas Frage.

So ein idealer Opa steht nicht allen und meist auch nur selten zur Verfügung. Es ist also hilfreich, wenn du früh lernst, Antworten und Fragen selber zu suchen. Dieses Physikbuch ist dafür geschrieben, dir ausführliche und verständliche Erklärungen zu vielen Naturerscheinungen zu liefern. Es ist also vorteilhaft, wenn du dich in deinem Physikbuch gut zurecht findest.

Physikbücher sind meistens nach den Themen der Physik geordnet. Im **Inhaltsverzeichnis** dieses Buches findest du all das, was im Physikunterricht der Klassen 5 und 6 behandelt werden soll – andere Themen kommen später.
Physikbücher enthalten meistens ganz hinten auch ein **Stichwortverzeichnis** – das ist ein alphabetisches Verzeichnis der Wörter, die man benutzt, wenn man über die behandelten Themen redet. Dort findest du zu jedem Wort eine oder mehrere Seitenzahlen. Sie sagen dir, wo im Buch du das Wort wiederfindest.
Physikbücher sagen nicht nur, *wie etwas ist*, sondern auch, *woher man weiß, wie es ist*. Wie Ingas Opa gibt dieses Physikbuch meistens ausführliche und gründliche Erklärungen. Papier und Bleistift helfen aber auch jetzt dabei, das Lernen zu erleichtern.

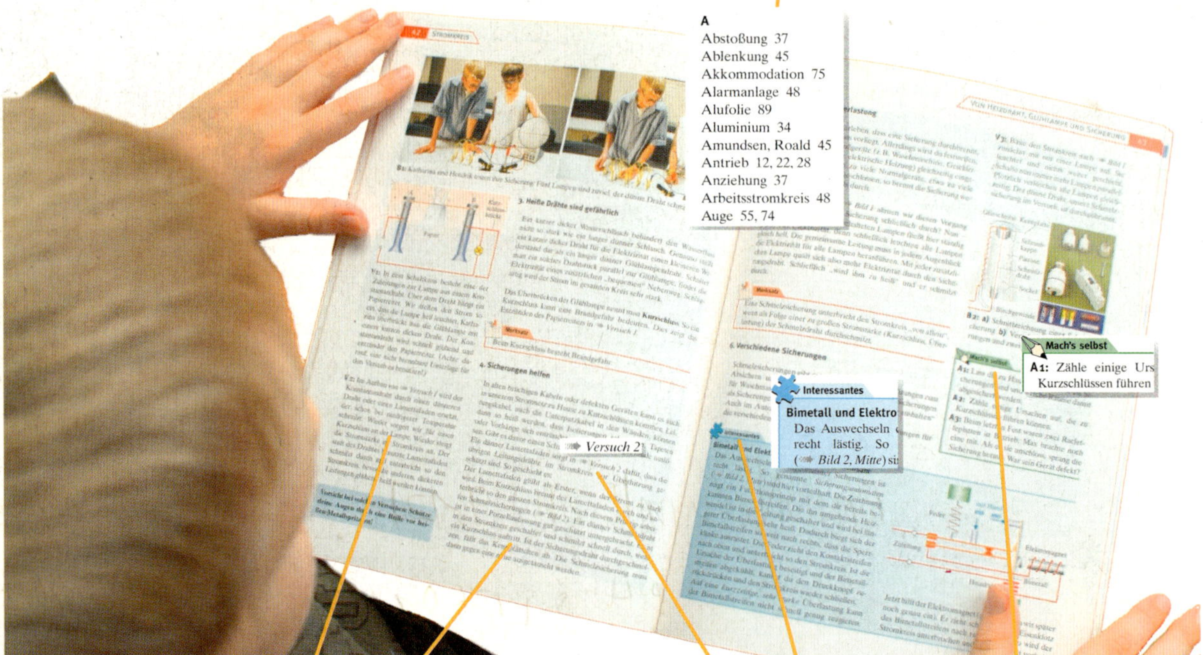

Der Text auf einer Seite ist meistens in eine Basisspalte und eine Außenspalte aufgeteilt.

- In der **breiten Basisspalte** findest du die Hauptgedanken zu einem Thema: Was wollen wir wissen? Welche Überlegungen müssen wir anstellen? Welche Ergebnisse finden wir durch Experimente?
- In der **schmalen Außenspalte** werden die zum Verständnis von Physik unentbehrlichen Experimente beschrieben. Dort findest du auch erläuternde und unterstützende Bilder und Tabellen.

Ein ➠ **Pfeil** in der Basisspalte gilt als Hinweis auf eine hilfreiche Ergänzung in der Außenspalte.

An vielen Stellen findest du **Vertiefungen**, Lesetexte mit **interessanten Informationen**, **Projekte** mit Vorschlägen für eigenes Experimentieren und andere interessante Unterbrechungen bei der Bearbeitung der Unterrichtsthemen.

Aufgaben findest du in den **Mach's-selbst**-Kästen in der rechten Außenspalte. Die Aufgaben können dir dabei helfen, einen Sachverhalt besser zu verstehen.

Kannst du dir eine Welt ohne elektrischen Strom vorstellen? Schau dich dazu einmal zu Hause und in der Schule um. Auf was müsste man verzichten, wenn es die Geräte nicht mehr gäbe, die mit Elektrizität funktionieren?

Kannst du dir den elektrischen Strom selbst vorstellen? Diese Frage ist schon viel schwieriger zu beantworten. Auf den nächsten Seiten möchten wir dir helfen, eine solche Vorstellung zu gewinnen. Du wirst dann auch zwischen elektrischem Strom und Energieübertragung unterscheiden können. Die symbolischen Zeichnungen auf dieser Seite wirst du auch verstehen.

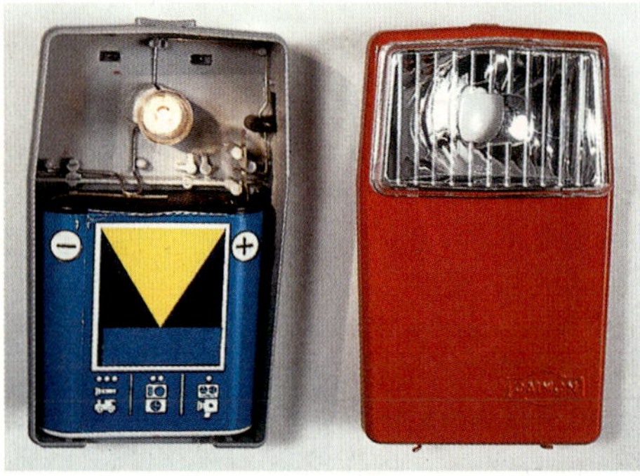

B1: Das Innenleben einer Taschenlampe

B2: Alina und Timo untersuchen das Innenleben ihrer Lampen.

B3: Die einfachste Art, eine Glühlampe leuchten zu lassen

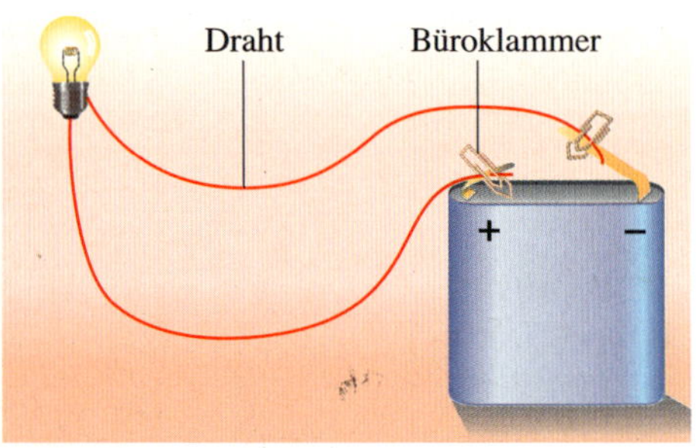

B4: Die Anschlüsse der Batterie sind mit Drähten verlängert worden.

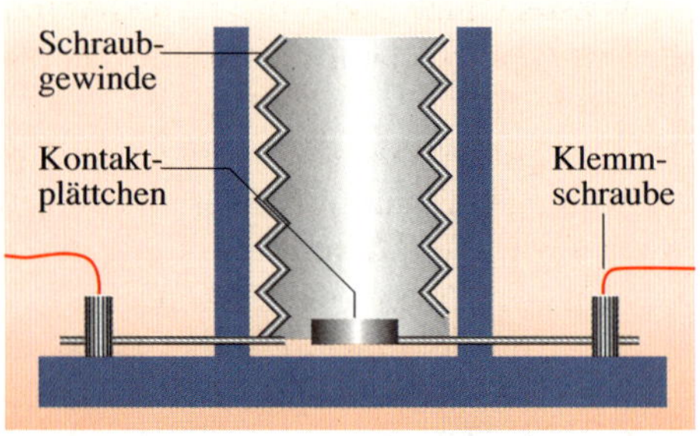

B5: Aufbau einer Lampenfassung

Einfache Stromkreise

1. Wann leuchtet die Glühlampe?

Alina baut mit Timo Lampen auseinander und findet dabei folgende Bauteile (➠ *Bild 1 und 2*): Eine *Batterie*, eine *Glühlampe*, einen *Schalter* und verschiedene Blechstreifen. Nun möchte sie wissen, wie diese kleinen elektrischen Anlagen funktionieren.

Zuerst versucht sie, die Glühlampe nur mit der Flachbatterie zum Leuchten zu bringen. Nach einigem Probieren findet sie heraus, wie sie die Lampe an die Blechstreifen halten muss: Die Glühlampe leuchtet nur, wenn das Gewinde und der Lötpunkt am Fuß jeweils einen Blechstreifen der Batterie berühren (➠ *Bild 3*).
Das Gewinde und der Fußkontakt sind die zwei Anschlussstellen der kleinen Glühlampe. Auch die Flachbatterie hat zwei Anschlussstellen, nämlich die beiden Blechstreifen. Bei der Batterie nennt man diese Anschlussstellen *Pole*. Der kurze Streifen heißt Pluspol (+), der lange Minuspol (–). Auch jede andere Batterie hat zwei Pole.
Nun kommt es fast nie vor, dass eine Lampe direkt an die Batterie angeschlossen werden soll. Beim Auto etwa muss man die Anschlüsse „verlängern", um bis zum Rücklicht zu gelangen.

Dies möchten wir nachahmen: Bevor wir wieder eine Glühlampe zum Leuchten bringen, verlängern wir jeden Blechstreifen der Batterie mit einem Draht. Büroklammern oder Krokodilklemmen halten die Drahtenden an den Polen der Batterie fest. Jeweils das andere Drahtende halten wir an einen Anschluss der Lampe: Wieder leuchtet sie (➠ *Bild 4*). Man nennt die Drähte Zuleitungen oder auch nur *Leitungen*.

Damit in Alinas Taschenlampe das Lämpchen fest sitzt, wird es in eine *Lampenfassung* geschraubt (➠ *Bild 5*). Diese hat zwei Klemmschrauben, die durch Drähte mit dem Kontaktplättchen bzw. dem Gewinde verbunden sind. Wir befestigen die beiden von der Batterie kommenden Leitungen an den Klemmschrauben: Wieder leuchtet die Lampe.

2. Elektrizität fließt im Kreis

Alina weiß nun, wie sie eine Glühlampe zum Leuchten bringen kann. Leuchtet die Lampe, so sagen wir: Es fließt Elektrizität durch die Lampe.

Verfolgen wir den Weg der Elektrizität in den bisherigen Versuchen, so finden wir jedes Mal: Er führt von der Batterie durch eine Leitung (Blechstreifen, Drahtstück) zur Glühlampe, dann weiter durch eine Leitung zurück zur Batterie. Die Drähte und Blechstreifen im elektrischen Stromkreis *leiten die Elektrizität auf dem vorgegebenen Weg.* Der Weg ist wie ein Kreis geschlossen (→ *Bild 6*).
Das Wasser im Rhein bildet einen Wasserstrom von der Quelle bis zur Mündung. Die Elektrizität bildet einen elektrischen Strom im Kreis. Wir sprechen daher auch von einem **elektrischen Stromkreis**.

Alina erinnert dies an den Wasserkreislauf in der Heizung: Wenn Wasser durch eine Leitung fließt, sagt man ja auch, „das Wasser strömt". Die Elektrizität allerdings können wir nicht sehen. Sie fließt auch nicht aus dem Draht, wenn wir ihn durchschneiden.

Wir lockern die Lampe in der Fassung und drehen sie wieder fest. Wir lösen einen Draht von der Batterie und klemmen ihn wieder fest. Wir durchschneiden ihn und pressen die Enden wieder zusammen. Jedes Mal geht die Lampe aus und an. So ist es immer: Sobald der Stromkreis irgendwo unterbrochen wird, erlischt die Lampe.

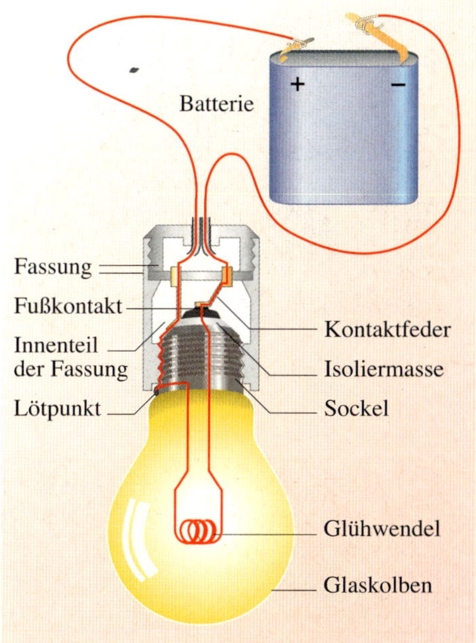

B 6: Geschlossener Stromkreis – auch durch die Lampe

Mach's selbst

A 1: Zähle die Bestandteile des Stromkreises in → *Bild 6* auf.

A 2: Was spricht dafür, dass die Elektrizität im Kreis läuft? Schreibe alle Gründe auf.

A 3: In welchem der gezeichneten Fälle leuchtet die Lampe?

a) b) c)

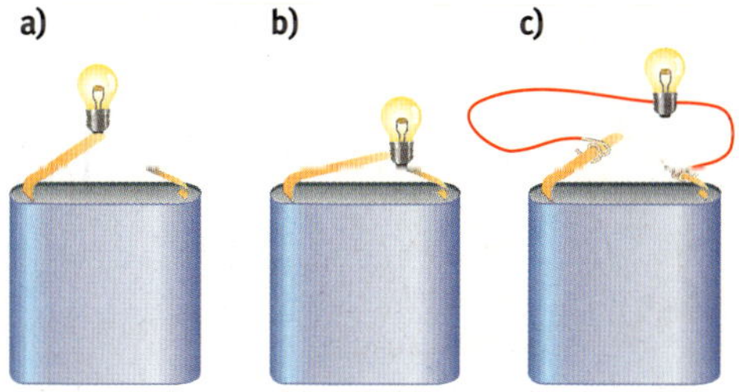

Merksatz

Elektrizität fließt nur in einem geschlossenen Kreis. Ein Glühlämpchen zeigt dies durch sein Leuchten an.

Wir haben unsere Versuche nur mit einer Batterie durchgeführt. Das hat Spaß gemacht. Aber:
Verwende bei deinen Versuchen niemals die Steckdose; es besteht sonst Lebensgefahr!

Vertiefung

Die Pole der Batterie sind verschieden

Jede Batterie hat zwei Pole, einen Pluspol und einen Minuspol.
Timo fragt sich, ob das etwas zu bedeuten hat. Er nimmt eine Batterie, eine Glühlampe und zusätzlich einen kleinen Elektromotor. Dann baut er alle Teile in einem Kreis zusammen. Die Glühlampe leuchtet und der Motor lässt den Propeller sausen.

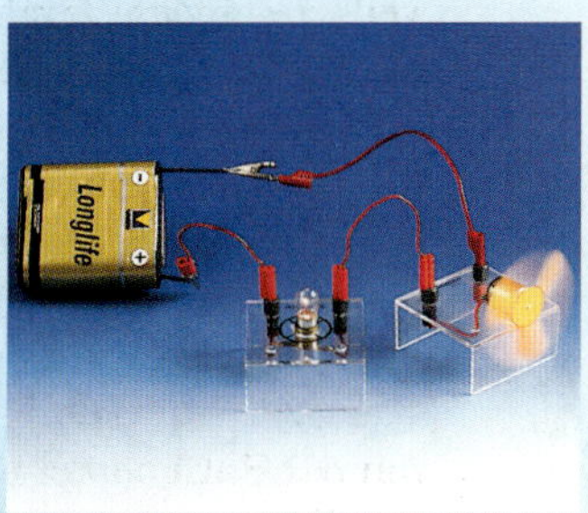

Wie der Uhrzeiger läuft er rechts herum. Und wenn man nun die Pole der Batterie vertauscht?
Timo probiert es. Alina hat es schon geahnt: „Bestimmt läuft der Motor jetzt anders herum." Es stimmt.
Beide schreiben ins Protokoll:
Für manche Geräte ist es wichtig, wie die Pole der Batterie angeschlossen werden. Bei der Glühlampe ist es gleichgültig.

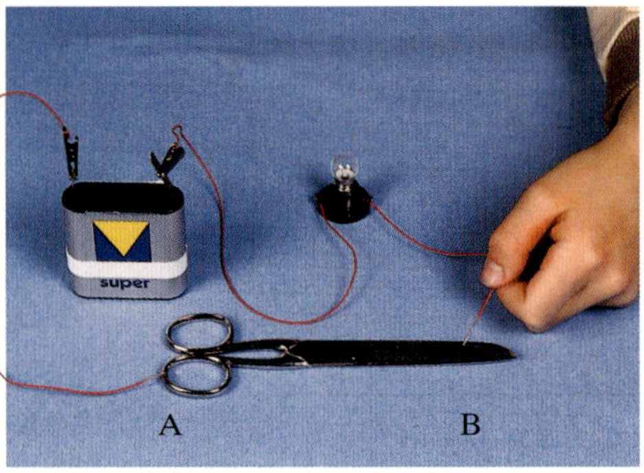

B 1: Leitet die Schere Elektrizität?

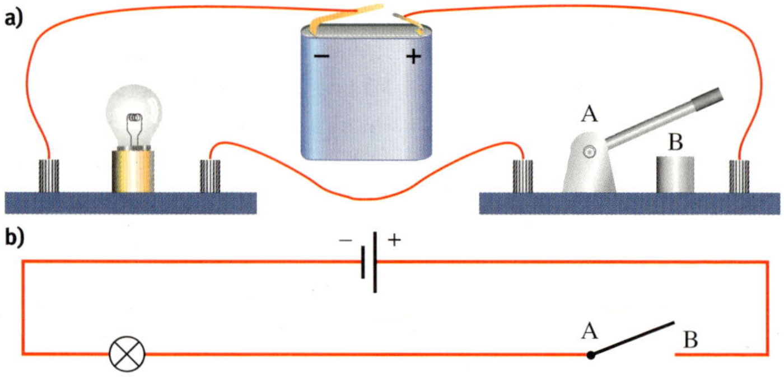

B 2: Der Schalter nutzt Leiter (Metall) und Nichtleiter (Luft).

Protokoll der heutigen Physikstunde

Ziel: Wir wollen herausfinden, welche Stoffe Elektrizität leiten.

Versuchsaufbau (Skizze):

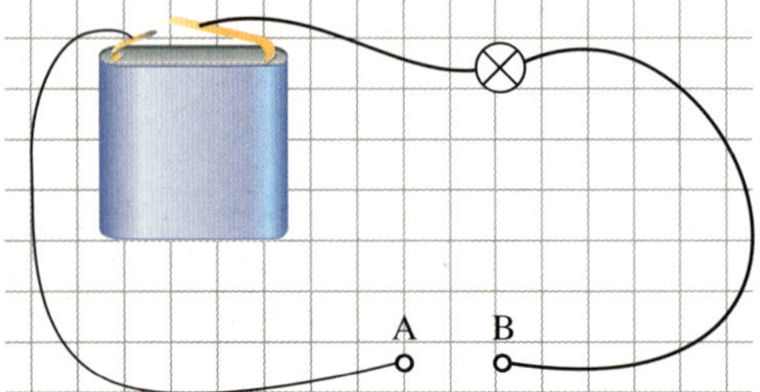

Versuchsdurchführung:
Nacheinander haben wir verschiedene Gegenstände zwischen A und B gelegt, natürlich so, dass die Leitungen bei A und B den Gegenstand berührten. Dann haben wir geschaut, ob die Lampe leuchtet.

Ergebnis:
Dieser Stoff

leitet:	leitet nicht:
Kohle	Glas
Kupfer	Holz
Aluminium	Papier
Chrom	Plastik
Messing	Gummi
Silber	Wolle
Eisen	Haare
Gold	Erbsen
	Bernstein
	Luft

V 1: Sofias und Daniels Versuchsprotokoll

Leiter und Nichtleiter

1. Leitet alles?

Daniel zeigt Sofia ein kleines Experiment (➡ *Bild 1*): „Als Verbindungsstück in Stromkreisen kannst du auch eine Metallschere nehmen. Auch sie leitet Elektrizität." Sofia schlägt vor, noch weitere Gegenstände zu testen: Lineal, Kamm, Bleistift, Radiergummi, Schlüssel usw. Wenn die Lampe leuchtet, zeigt sie uns, dass der untersuchte Gegenstand leitet (➡ *Versuch 1*).

Überbrückt Daniel die Lücke A-B mit Metallgegenständen, so leuchtet die Lampe; ist die Lücke mit Glas, Kunststoff oder Porzellan überbrückt, dann bleibt die Lampe dunkel. Es kommt also nicht darauf an, wie ein Gegenstand geformt ist oder zu welchem Zweck er benutzt wird – der Stoff, aus dem er besteht, entscheidet.
Stoffe, die Elektrizität leiten, nennt man **Leiter. Nichtleiter**, wie z. B. Kunststoff, nennt man auch *Isolatoren*. Sofia und Daniel schreiben alle Stoffe, die sie als Leiter oder Nichtleiter entdeckt haben, in ihr Versuchsprotokoll (➡ *Versuch 1*).

Merksatz

Metalle und Kohle sind *Leiter*.
Luft, Glas, Porzellan und Kunststoffe sind *Nichtleiter*.

2. Der Trick beim Schalter

Sofia überlegt: „Wenn sonst ‚nichts' unsere Teststrecke überbrückt, ist immer noch Luft dazwischen." Die Lampe leuchtet in dem Fall aber nicht (➡ *Bild 2*), also ist auch Luft ein Nichtleiter. Nun bringt Daniel die Drähte in ➡ *Versuch 1* direkt zusammen: Schon leuchtet die Lampe. Sie erlischt sofort wieder, wenn er die Kontakte trennt. Sofia und Daniel haben gemeinsam den Schalter „erfunden"!
➡ *Bild 3 a* zeigt uns, wie man bei Schaltern dieses Prinzip ausnutzt: Mit einem Hebel kann man einen Stromkreis bequem schließen und wieder unterbrechen.

Der Schaltersockel besteht aus einem Nichtleiter, der Hebel aus Metall. Ist der Hebel zunächst oben, dann ist die Lücke A-B nur mit Luft und dem nicht leitenden Sockel überbrückt. Der Stromkreis ist also nicht geschlossen; die Lampe leuchtet nicht. Wird nun der Hebel heruntergedrückt, so ist die Lücke A-B mit Metall leitend überbrückt. Die Lampe leuchtet.

Auf diese Weise lassen sich auch komplizierte elektrische Stromkreise bequem unterbrechen und wieder schließen. Zu Hause findest du Schalter in vielfältigen Ausführungen. Erkennst du einen in ➡ *Bild 3* wieder?

Merksatz

Mit Schaltern kann man Stromkreise unterbrechen. Sie nutzen aus, dass Luft ein Nichtleiter ist.

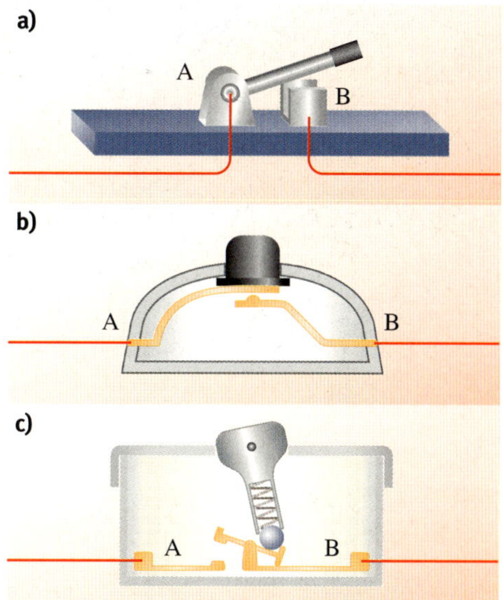

B3: Verschiedene Schalter

3. Kabel – Leiter und Nichtleiter

Die Experimentierkabel und Stecker in ➡ *Bild 2* haben eine Ummantelung aus Kunststoff. Diese schützt davor, dass sich blanke Metallteile ungewollt gegenseitig berühren. So geht die Elektrizität nur durch die vorgegebenen Kabelwege.

Bei Steckdosen, Schaltern und Kabeln im Hausstromkreis ist die Isolation der Drähte untereinander, aber auch nach „draußen" zu unserer Sicherheit besonders wichtig. Der Kunststoffmantel der Leitungen darf nicht beschädigt sein, da wir sonst mit dem Draht in Berührung kommen können, der die Elektrizität leitet.

Mach's selbst

A1: Beschreibe, wie die Elektrizität durch die verschiedenen Schalter in ➡ *Bild 3* fließt.

A2: a) Wo muss bei Schaltern Metall sein, wo isolierender Kunststoff? **b)** Welche Stoffe verhindern unerwünschten elektrischen Strom in ➡ *Bild 2*?

Interessantes

Regeln zum Zeichnen von Schaltplänen

Batterien wie auch andere Stromquellen haben zwei Pole. Sie werden bei Batterien durch zwei Striche, sonst durch offene Kringel dargestellt.

- Die Pole einer Stromquelle kann man mit zwei Leitungen „verlängern". Dazu zeichnet man einfache Linien.
- Ein Schalter hat zwei oder mehr Kontakte. Sie können durch ein bewegliches Schaltstück miteinander verbunden werden.
- Willst du einen Stromkreis zeichnen oder nachprüfen, so gehe von einem Pol der Stromquelle aus. Verfolge dann die Leitung weiter über die Kontakte des Schalters oder die Anschlüsse z. B. einer Glühlampe bis zum zweiten Pol der Quelle.

Leitungen zeichnet man immer gerade. Manchmal kreuzen sich auch zwei Leitungen. Sollen diese beiden Leitungen keinen Kontakt miteinander haben, so zieht man sie einfach weiter durch (➡ *Fall f*). Sollen die beiden Leitungen eine elektrische Verbindung haben, zeichnet man einen Kontaktpunkt (➡ *Fall g*).

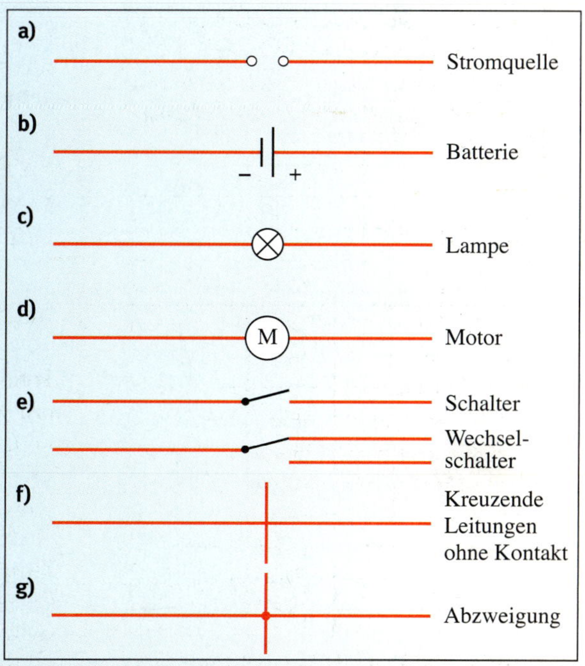

B1: Die Klasse steht mit einer Batterie im Kreis, alle fassen sich an den Händen, es fließt Elektrizität.

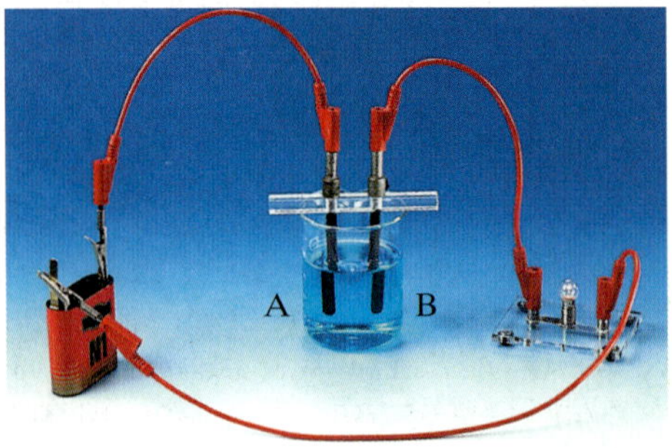

V1: In dem Trog liegt die Teststrecke A–B zwischen zwei Kohlestäben. Fülle nun zunächst sauberes Leitungswasser in den Trog: Die Glühlampe leuchtet nicht.
Löst du aber Kochsalz im Wasser auf (rühre gut um), so leuchtet sie, erst nur schwach, dann umso heller, je mehr Salz gelöst ist.

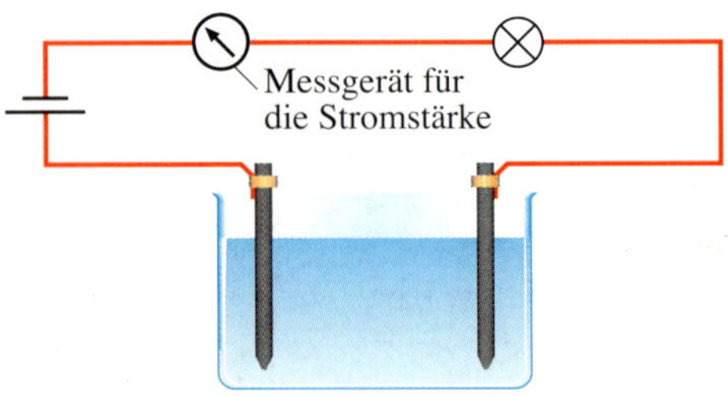

V2: Wir bauen zusätzlich zur Lampe ein Strommessgerät ein und wiederholen den Versuch. Ergebnis: Schon bei Leitungswasser schlägt der Zeiger aus und zeigt damit Strom an. Die Glühlampe leuchtet aber noch nicht. Erst wenn wir Salz hinzufügen, fängt sie an zu leuchten. Je heller sie leuchtet, desto größer ist der Zeigerausschlag. Auch bei anderen, sauren Flüssigkeiten (Gurkenwasser, Cola, ...) entsteht Strom.

Flüssigkeiten leiten Elektrizität

1. Wasser – Leiter oder Isolator?

In Bädern oder anderen Feuchträumen soll man sich vor den Gefahren der Elektrizität besonders schützen. Leitet denn auch Wasser Elektrizität? In ➠ *Versuch 1* sieht es zunächst nicht so aus. Geben wir aber etwas Salz zum Wasser hinzu, so ändert sich dies.
Unsere Testapparatur weist Wasser aber nicht einfach als Leiter oder Nichtleiter aus (Lampe leuchtet oder leuchtet nicht). Sie zeigt Zwischenstufen: Wasser *leitet schlecht,* wenn nur wenig Salz gelöst ist (die Lampe leuchtet schwach). Eine kräftige Salzlösung dagegen *leitet gut* (die Lampe leuchtet hell).

Merksatz

Salzwasser leitet Elektrizität umso besser, je mehr Salz gelöst ist.

2. Schwacher Strom – starker Strom

Vielleicht leitet sauberes Leitungswasser auch, aber nur sehr schlecht? Der elektrische Strom ist dann vielleicht so schwach, dass die Glühlampe gerade noch nicht leuchtet! Um das herauszubekommen, nehmen wir ein Stromanzeigegerät, das empfindlicher ist als unsere Lampe. Fließt Elektrizität durch ein derartiges Gerät, dann schlägt ein Zeiger aus. Je weiter der Zeiger ausschlägt, desto stärker strömt die Elektrizität.

➠ *Versuch 2* zeigt, dass unsere Vermutung stimmt. Leitungswasser leitet Elektrizität, wenn auch sehr schwach. Nur absolut reines Wasser leitet Elektrizität nicht. Erst Verunreinigungen, vor allem gelöste Salze oder verdünnte Säuren, machen Wasser leitend.

Statt von „stark strömender Elektrizität" spricht man in der Physik einfach von einer großen *Stromstärke.* Das in ➠ *Versuch 2* verwendete Messgerät ist also ein *Stromstärke-Messgerät.* Es zeigt an, wie stark ein elektrischer Strom ist.

3. Auch unser Körper leitet

In ➡ *Bild 1* stellen sich einige Freiwillige der Klasse im Kreis auf. Mit der Taschenlampenbatterie (nicht mit einem Netzgerät!) und dem empfindlichen Messgerät aus ➡ *Versuch 2* wollen sie gefahrlos feststellen, ob unser Körper Elektrizität leitet. Wir sehen, dass sie mit der Batterie und dem Messgerät einen geschlossenen Kreis bilden. Der Zeiger schlägt sofort aus. Es ist dabei nicht gleichgültig, wie die Hände umfasst werden. Je kräftiger man zudrückt, desto größer wird die Stromstärke. Sind die Hände gar feucht, wird der Ausschlag noch größer.
Der Zeigerausschlag verschwindet, wenn auch nur eine Hand irgendwo im Kreis losgelassen wird. Elektrizität fließt eben nur im *geschlossenen* Kreis. Wir leiten Elektrizität, weil unsere Körperflüssigkeit dem Meerwasser ähnelt – und das enthält ja Salz.

Merksatz

Der menschliche Körper leitet Elektrizität.

4. Warum kann elektrischer Strom gefährlich sein?

Unsere Nervenzellen tauschen von selbst elektrische Signale durch winzige elektrische Ströme aus (➡ *Interessantes*). Diese wichtigen Vorgänge können durch Elektrizität von außen gestört werden. Die Batterie war ungefährlich. Gefahr für das Leben besteht aber, wenn starke elektrische Ströme entstehen. Dabei sind die Blutgefäße bevorzugte Leiterbahnen. Verläuft der Stromweg z. B. direkt über das Herz, dann führen selbst kurze Stromstöße (schon eine hundertstel Sekunde genügt!) zum Herzstillstand. Wegen der von außen erzwungenen elektrischen Ströme bewegt sich der Herzmuskel nicht mehr regelmäßig, sondern krampft sich zusammen. Die Pumpleistung des Herzens fällt dann praktisch aus.

Interessantes

EEG und EKG

Unser Nervensystem besteht aus Millionen von Nervenzellen, zwischen denen Signale in Form von winzigen Stromstößen ausgetauscht werden. Diese Stromstöße bringen Informationen von Auge, Ohr oder vom Tastsinn bis in unser Gehirn. Ohne sie könnten wir nicht sehen, nicht hören, nicht fühlen und nicht denken.
Am Kopf lassen sich die elektrischen Signale bei der Aufnahme eines **E**lektro-**E**nzephalo-**G**ramms (EEG) messen und aufzeichnen. Spezielle Haftpunkte sorgen für gute elektrische Verbindung.
Werden die elektrischen Signale gemessen, die beim Herzschlag auftreten, so spricht man von einem **E**lektro-**K**ardio-**G**ramm (EKG). Unregelmäßigkeiten beim Herzschlag bemerkt man so, noch bevor sie lebensgefährliche Folgen haben.

Projekt

Wie feucht ist die Blumenerde?

Hast du gehört, dass man Blumen auch zu viel Wasser geben kann? Sie „ertrinken“ dann. Trockenheit dagegen lässt die Pflanzen schnell verwelken. Das Bild zeigt einen Versuchsaufbau, mit dem du die Feuchtigkeit der Blumenerde *prüfen* kannst. Trockene Blumenerde leitet Elektrizität nicht. Erst wenn du Wasser dazu gießt, schlägt das Messgerät aus und zeigt so einen elektrischen Strom an (anstelle des Messgerätes kannst du eine empfindliche Leuchtdiode nehmen). Steckst du die Kohlestäbe tief in die Erde, dann bestimmst du auch die Feuchtigkeit an den Wurzeln, die sich mit einer „Fingerprobe“ nur schwer bestimmen lässt.

Eva möchte das Experiment noch erweitern:
Nach einem Regenguss ist die obere Erdschicht feucht. Ist das Wasser aber auch tief genug eingedrungen, sodass die Wurzeln der Pflanzen etwas davon haben?

Du brauchst:
1 Batterie,
1 Blumentopf,
2 Kohlestäbe,
1 Messgerät oder Leuchtdiode,
Kabel

Auftrag

Plane eine Abänderung dieser Versuchsanordnung so, dass du erkennen kannst, in welcher Tiefe es noch trocken geblieben ist (ohne dass du graben musst).

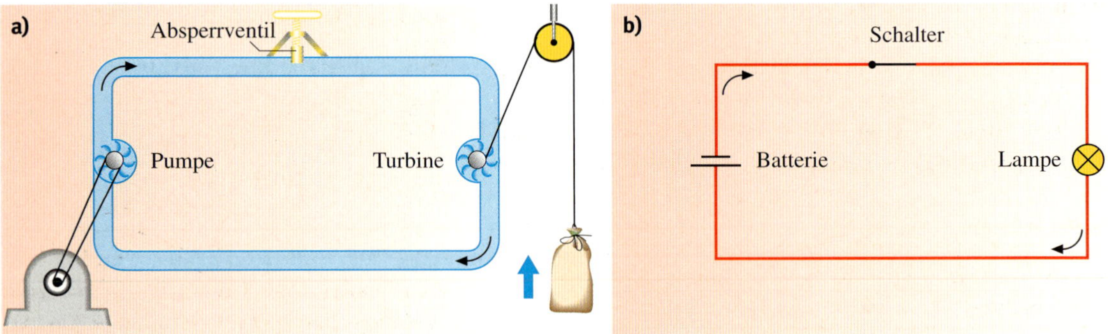

B 1: a) Wasserkreislauf **b)** Kreislauf auch beim elektrischen Strom

Vertiefung

Das Wassermodell

Bild 1 b zeigt einen einfachen Stromkreis aus Batterie, Lampe, Schalter und Leitungsdrähten. In *Bild 1 a* ist ein entsprechender Wasserstromkreis abgebildet. Mit ihm veranschaulichen wir den elektrischen Stromkreis.

Wasserkreislauf:

1. Die Leitungen sind Rohre. In ihnen befindet sich Wasser. Dies muss vorher eingefüllt werden.
2. Zum Fließen und Antreiben des Turbinenrades braucht das Wasser einen Antrieb. Die Wasserpumpe liefert ihn.
3. Die Umdrehung des Turbinenrades zeigt uns einen Wasserstrom an.
4. Durch Drehen des Absperrventils wird der Wasserfluss immer mehr unterbunden.
5. Das Turbinenrad mit dem angehängten Gegenstand setzt dem fließenden Wasser einen Widerstand entgegen.

Elektrischer Stromkreis:

1. Die Leitungen sind Drähte. In ihnen befindet sich Elektrizität. Diese ist immer schon drin.
2. Zum Fließen und zum Betreiben der Glühlampe braucht die Elektrizität einen Antrieb. Die Batterie liefert ihn.
3. Das Leuchten der Glühlampe zeigt uns elektrischen Strom an.
4. Der Schalter unterbricht schlagartig den elektrischen Strom.
5. Der dünne Lampendraht setzt der fließenden Elektrizität einen Widerstand entgegen.

Elektrizität läuft im Kreis

1. Zwei schwierige Fragen

Warum leuchtet die Lampe beim Einschalten sofort?
Lisa wundert sich: „Drückt man den Schalter, dann leuchtet die Glühlampe sofort. Warum braucht die Elektrizität nicht Zeit, bis sie die Lampe erreicht hat?“ Das kann Daniel auch nicht gleich beantworten. Aber er hat eine Vorstellung von den Vorgängen in den Drähten des Stromkreises: „Es muss am Kreislauf der Elektrizität liegen. Der Schalter hindert sie zu fließen, aber sie ist immer in der Leitung, ähnlich wie Wasser in einem Wasserkreislauf. Sonst müsste sie nach dem Öffnen des Schalters auf beiden Seiten zurück zur Batterie laufen, das aber kann ich mir nicht vorstellen.“

Warum leuchtet die Lampe nicht ohne Batterie?
„Wenn die Elektrizität schon immer überall in den Drähten ist, warum braucht die Lampe zum Leuchten dann überhaupt eine Batterie?“ fragt sich Lisa. Daniel erwidert: „Sie liefert den nötigen Antrieb, um die Elektrizität durch den Lampendraht zu drücken.“

Damit ist Daniel auf der richtigen Spur. Die Batterie erzeugt die Elektrizität im elektrischen Stromkreis nicht, sondern treibt sie lediglich im Kreis (*Bild 1 b*). Auf der anderen Seite des Stromkreises setzt die Lampe dem Fließen der Elektrizität Widerstand entgegen. Dabei wird der Draht der Lampe heiß, er glüht.

Merksatz

Der „Stromkreis“ hat seinen Namen zu Recht: Die Elektrizität läuft im Kreis.

Die Elektrizität im Stromkreis können wir nicht sehen. Deshalb fehlt uns eine Vorstellung davon. In solchen Fällen helfen wir uns mit *Modellvorstellungen* weiter. Das Strömen von Wasser in einem Rohrsystem ist eine solche Modellvorstellung vom Strömen der Elektrizität in den Leitungen (*Vertiefung*). Wir machen uns damit ein Bild von der Wirklichkeit. Bild und Wirklichkeit dürfen wir aber nicht verwechseln! Zwei wichtige Unterschiede zwischen den Kreisläufen fallen dir sicher sofort auf: Wasser muss zu Beginn erst in das Rohrsystem gefüllt werden; Elektrizität dagegen ist stets in den Drähten. Außerdem unterbricht der elektrische Schalter im Gegensatz zum Absperrventil des Wasserkreislaufs den elektrischen Strom sehr schnell.

Merksatz

Mithilfe des Wassermodells können wir uns eine Vorstellung (Modellvorstellung) vom elektrischen Strom machen.

2. Strom wird nicht verbraucht

Lisa hat immer noch Zweifel. Hatte nicht ihr Vater neulich gesagt, sie hätten im letzten Jahr zu viel Strom verbraucht? Daniel versucht eine Klärung mit dem Wassermodell: „Das Turbinenrad verbraucht kein Wasser, auch wenn es sich dreht. Vor und hinter dem Turbinenrad fließt die gleiche Wassermenge. Für die im Kreis fließende Elektrizität müsste das Gleiche gelten.“ Das glaubt Lisa nicht: „Hinter der Lampe ist die Elektrizität schon etwas verbraucht.“ Sarah widerspricht: „An unserem Weihnachtsbaum liegen die elektrischen Kerzen in der Leitung alle in einer Reihe. Die letzte Lampe ist aber genau so hell wie die erste.“ Bei so unterschiedlichen Meinungen hilft nur ein Experiment (➠ *Versuch 1*). Diese **Reihenschaltung** mehrerer Lampen macht klar: Im elektrischen Stromkreis wird keine Elektrizität verbraucht.

Führen wir den Versuch mit einem genauen Zeigerinstrument und einer Glühlampe aus (➠ *Versuch 2*), so finden wir gleiche Zeigerausschläge *vor* und *hinter* der Glühlampe: Genauso viel wie in die Lampe hinein fließt, fließt gleichzeitig am anderen Ende auch wieder hinaus.

Merksatz

Im einfachen Stromkreis ist der elektrische Strom an jeder Stelle gleich stark. Elektrizität wird in elektrischen Geräten nicht verbraucht.

„Aber es muss doch einen Unterschied geben, ob ich eine oder zwei Glühlampen in den Kreis einbaue“, ruft Klaus dazwischen. Da hat er Recht: Je mehr Lampen man in Reihe schaltet, desto dunkler ist *jede* von ihnen. Auch im Wasserkreis ist es so: Wenn einer auf den Schlauch tritt, fließt das Wasser sogleich überall im Schlauch langsamer. Kommt sogar noch jemand dazu und stellt an anderer Stelle seinen Fuß ebenfalls auf den Schlauch, wird der Widerstand noch größer und der Strom überall noch kleiner.

Merksatz

Bei der Reihenschaltung durchfließt die Elektrizität alle Lampen. Je mehr es sind, desto schwächer ist im ganzen Kreis der Strom.

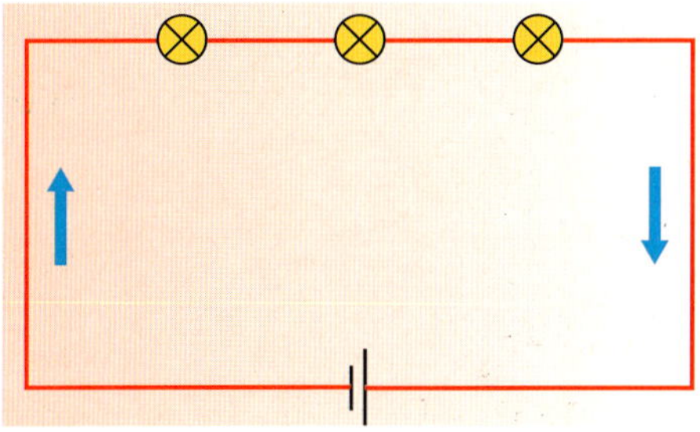

V1: Daniel und Lisa schalten mehrere Glühlampen in einer Reihe in den Stromkreis. Egal wie sie die Stromquelle anschließen, immer leuchten die Lampen gleich hell.

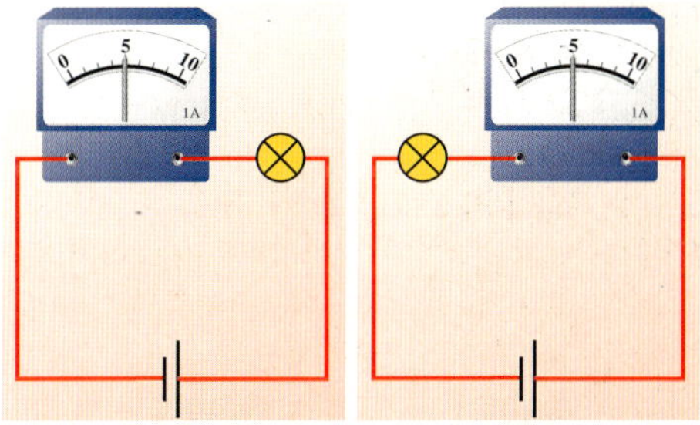

V2: Im Aufbau mit Batterie und Glühlampe schließen wir ein Zeigerinstrument zunächst *vor* und dann *hinter* die Glühlampe in den Stromkreis. In beiden Fällen finden wir denselben Zeigerausschlag.

Mach's selbst

A1: Vergleiche folgende Sprechweisen: „Der Schalter wird geschlossen.“ „Das Absperrventil wird geschlossen.“ „Der Stromkreis wird geschlossen.“ Was ist jeweils gemeint?

A2: Wovon hängt der Widerstand im Wasserstromkreis bzw. im elektrischen Stromkreis nach ➠ *Bild 1 a* und ➠ *Bild 1 b* ab?

A3: Schildere den Weg der Elektrizität im Aufbau nach ➠ *Versuch 1*.

A4: In welchem der Stromkreise leuchten die Lampen am hellsten? (*Hinweis:* Es sind gleichartige Lampen.)

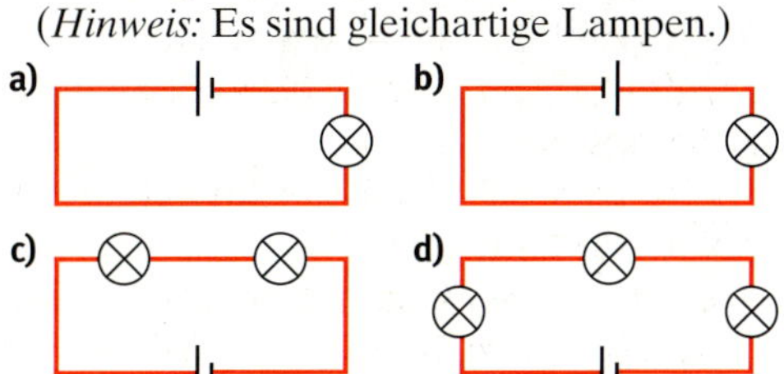

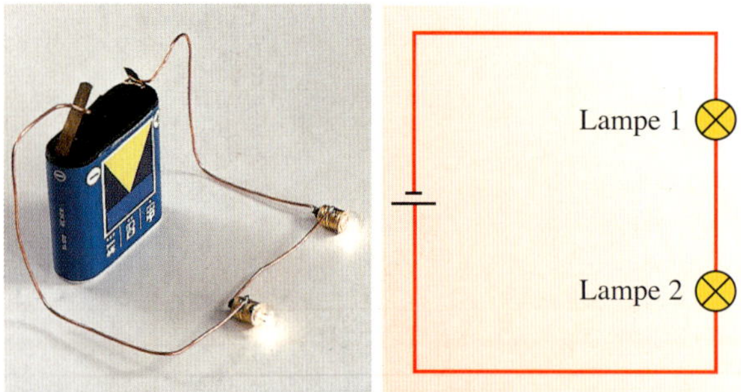

B 1: Reihenschaltung zweier Lampen

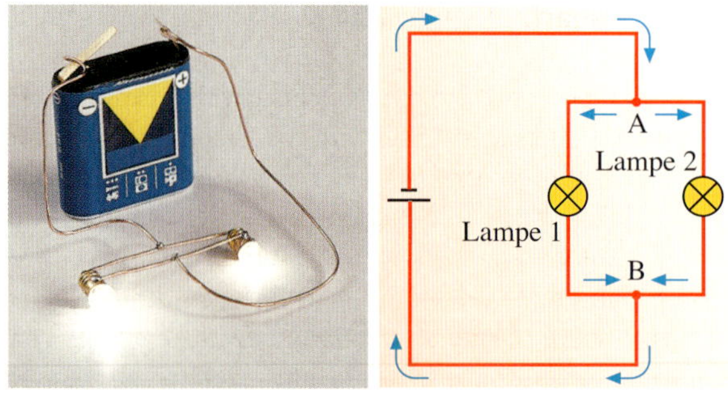

B 2: Parallelschaltung der Lampen

V 1: a) Wir bringen in einem Stromkreis aus Lampe und Batterie eine Lampe (1) zum Leuchten (Aufschrift 6 V; 2,4 W). Nun schalten wir, wie in ➠ *Bild 2* gezeigt, zwischen die beiden Punkte A und B eine weitere Lampe (2). Diese zweite Lampe leuchtet auch auf, etwa mit derselben Helligkeit wie die erste. **b)** Wir ersetzen die zweite Lampe durch eine andere mit der Aufschrift 6 V; 0,6 W. Die erste Lampe leuchtet wieder wie vorher, die zweite ist schwächer. Beim Fahrrad dient sie als Rücklicht.

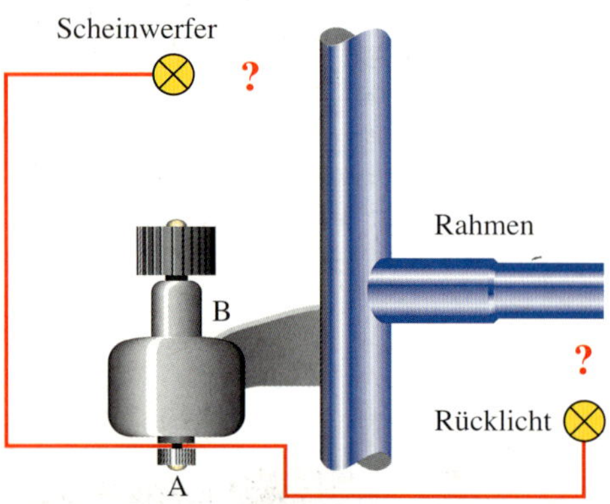

B 3: Leitungen am „Dynamo"; wo ist die Rückleitung bei älteren Fahrrädern?

Lampenschaltung beim Fahrrad

1. Parallelschaltung beim Fahrradlicht

Timo ärgert sich: Er ist mit seinem Fahrrad in eine Kontrolle der Verkehrspolizei gekommen und „das Rücklicht ging nicht". Nun möchte er es reparieren, kommt aber mit der Anlage nicht zurecht.

- *Zwei verschiedene Lampen* (Scheinwerfer und Rücklicht) werden mit *einer* Stromquelle („Dynamo") betrieben;
- der Dynamo scheint nur *einen Anschluss* zu haben, und zu jeder Lampe führt nur *ein Draht.*

Zwei Glühlampen und *eine* Batterie – kennen wir das nicht schon von der *Reihenschaltung*?

➠ *Bild 2* zeigt, dass man Lampen auch anders schalten kann als in einer Reihe. Aber auch dann leuchten beide Lampen. Bei dieser so genannten **Parallelschaltung** fließt die Elektrizität auf einem Teil ihres Weges durch den Kreis zweispurig. Verfolge im Schaltbild: Von der Batterie gelangt die Elektrizität zum Punkt A. Hier trennen sich die Wege. Eine Spur führt durch Lampe 1, die andere durch Lampe 2. Am Punkt B vereinigen sich die Teilströme. Lockern wir eine Lampe, so erlischt nur diese. Die andere bleibt so hell, wie sie vorher war. Die Ströme in den zwei Zweigen zwischen A und B sind voneinander unabhängig.

Merksatz

Bei der **Parallelschaltung** gibt es unabhängige Teilströme. Davor und dahinter fließt die Elektrizität zusammen.

Damit wissen wir mehr über das Fahrradlicht: Da nur das Rücklicht nicht ging, die Lampe im Scheinwerfer aber leuchtete, sind die Glühlampen parallel geschaltet. ➠ *Bild 3* zeigt dir den Verzweigungspunkt A, an dem sich der Strom aus dem Dynamo in die zwei Teilströme durch die Lampen aufteilt: Direkt vom Dynamo gehen zwei Leitungen fort; die eine führt zum Rücklicht, die andere zum Scheinwerfer. Von jeder Lampe geht ein Kabel wieder zurück zum Dynamo.

2. Die gesparte Rückleitung

Timo weiß, dass ein Stromkreis geschlossen sein *muss.* Das Kabel zum Rücklicht scheint in Ordnung zu sein; er hat keine Unterbrechung gefunden. Aber ein zurückführendes Kabel findet er nicht! Das Rücklichtgehäuse jedoch hängt wackelig am Schutzblech – das könnte die Ursache sein! Julia hilft ihm bei der weiteren „Forschung" und dreht das Vorderrad, während Timo das Rücklicht untersucht. Drückt er das Rücklicht dabei fest gegen das Schutzblech, dann leuchtet die Lampe.

Damit haben Timo und Julia die fehlende Leitung gefunden: Sie führt von der Lampe durch das Schutzblech und weiter durch den Rahmen zurück zum Dynamo. Dessen Gehäuse ist der zweite Anschluss B. ➡ *Bild 4* zeigt den vollständigen Schaltplan. Der Fahrradrahmen aus Metall erspart uns so ein Kabel als Rückleitung.

3. Die Reihenschaltung ist für das Fahrrad nicht zweckmäßig

Julia ist noch nicht ganz zufrieden. Könnte man nicht doch beide Lampen *in einer Reihe* in den Stromkreis schalten? Sie weiß schon, dass beim Versagen einer Lampe auch die andere ausfällt – entweder ist Strom im ganzen Kreis, oder überhaupt nicht. Außerdem leuchten beide schwächer als eine vorher (es ist so, als stünden beim Wasserkreislauf zwei Füße auf dem Schlauch). Sie müsste also eine stärkere Batterie nehmen, um dies auszugleichen.

Etwas anderes muss sie noch probieren. Beim Fahrrad braucht das Rücklicht nicht so stark zu leuchten, man nimmt deshalb eine andere Lampe (0,6 W statt 2,4 W). Wenn man sie und das normale Vorderlicht in Reihe schaltet, leuchtet die Vorderlampe fast gar nicht mehr (➡ *Versuch 3*). Für die Fahrradbeleuchtung eignet sich also die Reihenschaltung nicht.

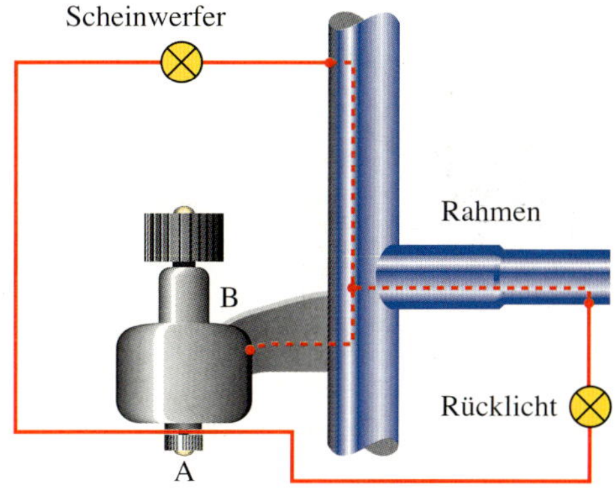

B4: Der Metallrahmen ist die Rückleitung.

V3: Julia baut eine Reihenschaltung wie in ➡ *Bild 1* auf. Beide Lampen leuchten – allerdings schwach. Sie ersetzt nun Lampe 2 durch eine Lampe, die weniger Energie in jeder Sekunde umsetzt. Jetzt leuchtet Lampe 1 fast gar nicht mehr. Du siehst: Bei der Reihenschaltung müssen es gleichartige Lampen sein.

Mach's selbst

A1: Finde den Stromverlauf bei der Stabtaschenlampe. Zeichne den Schaltplan ähnlich ➡ *Bild 4.* Das Gehäuse erspart dort die Rückleitung. Gib dazu die Erklärung.

A2: Entwirf eine Reihen- sowie eine Parallelschaltung mit drei Glühlampen. Beginne jeweils mit einer Lampe. Wie ändert sich der Strom mit jeder weiteren Lampe?

Interessantes

Ist die Fahrradbeleuchtung in Ordnung?

Die Fahrradbeleuchtung dient deiner Sicherheit im Verkehr. Deshalb solltest du sie immer wieder einmal auf ihre Funktionstüchtigkeit hin überprüfen. Dazu dient die folgende Checkliste:

- Sind beide Glühlampen heil?
- Sind die Kabel unbeschädigt?
- Sitzen die blanken Drahtenden fest in den Klemmen der Strahler?
- Sind die Klemmanschlüsse der Strahler blank?
- Falls zweite Leitung fehlt: Haben Strahler und Dynamo guten Kontakt zum Rahmen?
- Sind die Strahler sauber?
- Liegt das Dynamorädchen gut am Reifen?

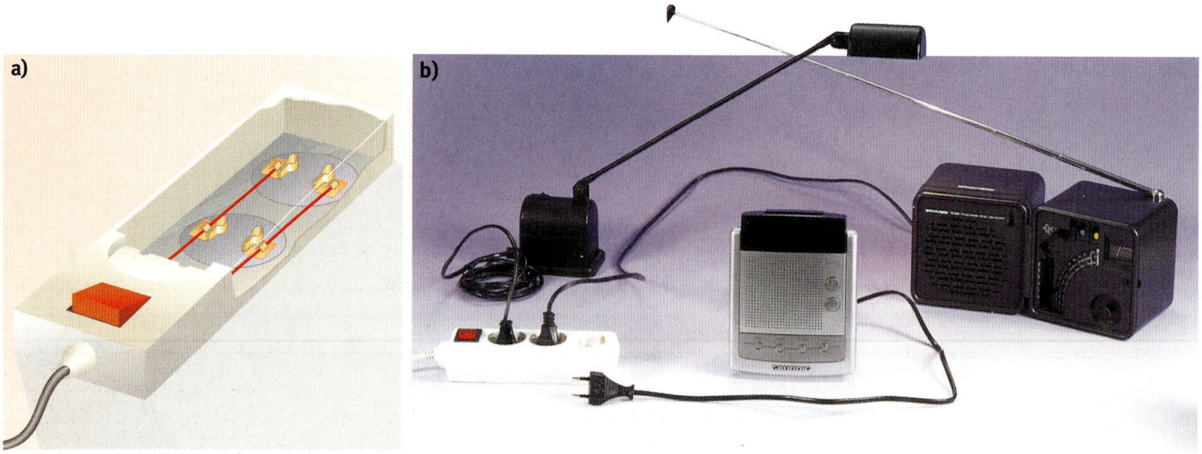

B 1: Steckdosenleiste mit Schalter: **a)** Schnittzeichnung **b)** in der Anwendung

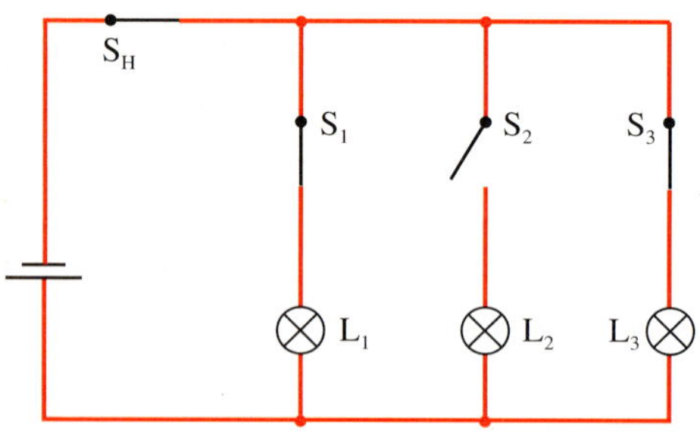

V 1: Nachahmung einer Steckdosenleiste. Jede Lampe hat einen eigenen Schalter: S_1 zu L_1, S_2 zu L_2, S_3 zu L_3. S_H ist der Hauptschalter.

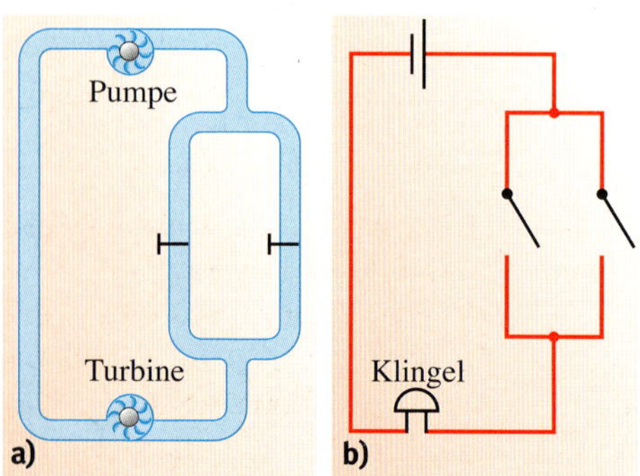

B 2: Wassermodell zu parallelen Schaltern

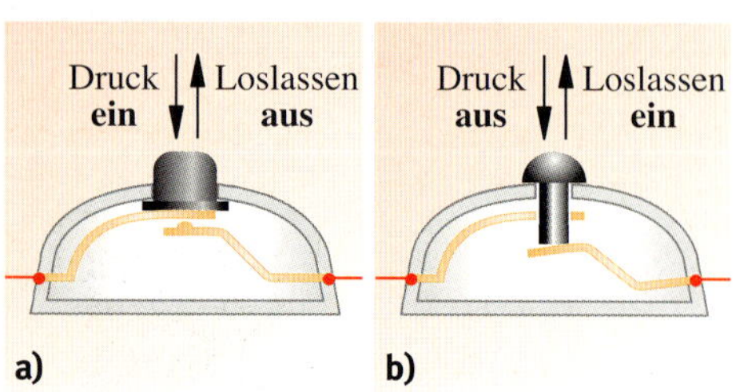

B 3: Drucktaster **a)** der Klingel **b)** der Autotür

Verschiedene Stromkreise im Einsatz

1. Die Schaltung der Steckdosenleiste

Mit einer Steckdosenleiste (➠ *Bild 1 a*) kannst du mehrere elektrische Geräte gleichzeitig betreiben. Betrachte ➠ *Bild 1 b* genau. Woraus kannst du schließen, dass eine Parallelschaltung vorliegt?

Jedes Gerät in ➠ *Bild 1 b* kann für sich angeschlossen bzw. ein- und ausgeschaltet werden. Ein Radio ist nicht angeschlossen, das zweite Radio und die Lampe sind angeschaltet. Die Stromkreise durch jedes Gerät sind also unabhängig voneinander. Es liegt eine Parallelschaltung vor.

Am Leistenende erkennst du einen Wippschalter. Mit diesem Hauptschalter kannst du alle eingeschalteten Geräte gleichzeitig aus- und wieder einschalten.
Im ➠ *Versuch 1* kannst du die entsprechende Schaltung überprüfen: Zu jeder Lampe gehört ein Schalter, der nur diese schaltet. Nur wenn der Hauptschalter S_H geschlossen ist, können die Lampen eingeschaltet werden.

2. Klingelanlage und Auto-Innenbeleuchtung – „ODER“

Julia beobachtet die *Innenbeleuchtung im Auto:* Ob die Fahrer- *oder* Beifahrertür geöffnet wird, in jedem Fall geht die Innenbeleuchtung an. Steffi stellt bei der *Klingelanlage* ihrer Wohnung ganz Ähnliches fest: Ob der Klingeltaster an der Haustür *oder* an der Wohnungstür betätigt wird, stets klingelt es.

Wie funktioniert die Schaltung? Ein Blick auf das Wassermodell hilft (➠ *Bild 2 a*): Die Turbine wird aus zwei parallelen Rohren gespeist. Sie läuft, auch wenn nur ein Hahn geöffnet ist. ➠ *Bild 2 b* zeigt die entsprechende elektrische Schaltung. Welchen Schalter wir auch betätigen, die Klingel legt los. Der Druckschalter an der Autotür ist so gebaut, dass er geschlossen wird, wenn sich die Tür öffnet (➠ *Bild 3*).

3. Eine Sicherheitsschaltung – „UND“

In die Waschmaschine läuft das Wasser erst ein, wenn du den Hauptschalter betätigst *und* die Tür geschlossen hast. In die Tür ist nämlich ein zweiter Schalter eingebaut. Erst wenn auch dieser geschlossen ist, öffnet sich das elektrische Ventil am Wasserhahn.

Ersetzen wir das Ventil durch eine Glühlampe, so können wir die Schaltung leicht nachbauen (➠ *Versuch 2*). Nur wenn beide in Reihe liegenden Schalter geschlossen sind, leuchtet die Lampe.

Die moderne Digitalelektronik kennt solche Schaltungen auch, dort heißen sie „UND-“ bzw. „AND-Gatter“ und funktionieren ganz ohne mechanische Teile.

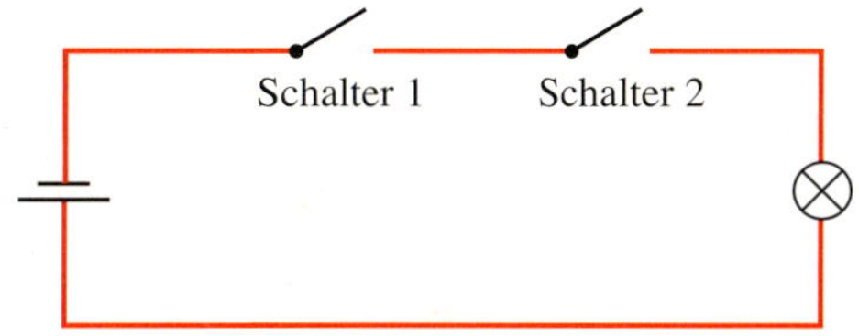

V2: Wir überprüfen die „UND“-Schaltung. Die Tabelle zeigt das Ergebnis:

Schalter 1	Schalter 2	Lampe
aus	aus	aus
ein	aus	aus
aus	ein	aus
ein	ein	ein

4. Die Ampelschaltung – „Entweder – oder“

Die meisten Fußgängerampeln haben zwei Lampen, eine für Rot, die andere für Grün. Damit die Ampel niemanden verwirrt, muss stets eine Lampe leuchten; nie dürfen beide zugleich leuchten. ➠ *Bild 4* zeigt die Schaltung mit einem *Wechselschalter*. Für jede der beiden Schalterstellungen ergibt sich ein anderer Stromkreis. Im Bild ist der Stromkreis für „Grün“ gerade nicht geschlossen.

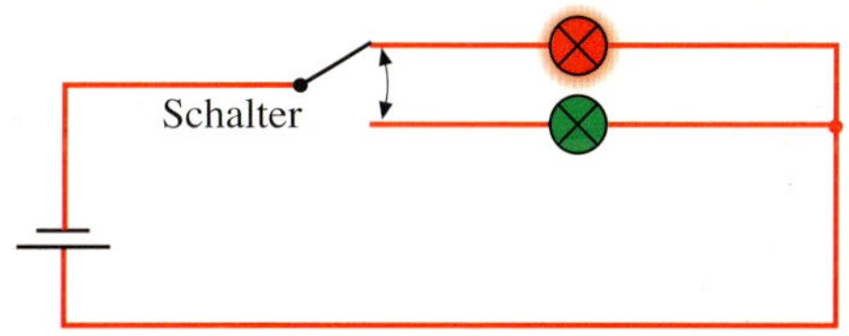

B4: Ampelschaltung für Fußgänger

Mach's selbst

Die Wechselschaltung

An jeder Seite eines langen Flures sollte das Deckenlicht ein- und wieder ausgeschaltet werden können. Fabian hat sich dazu Gedanken gemacht:

Wechselschaltung:
Das Problem: Man muss eine Schaltung bauen, wo man an einem Schalter anschalten kann und am zweiten wieder ausschalten kann. Also nicht einfach so:

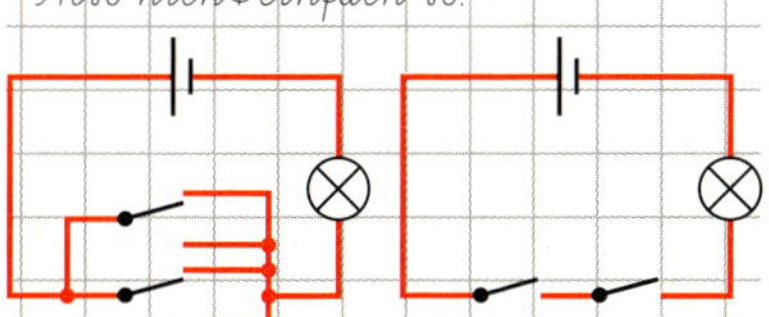

Lösung: Die Lösung ist eigentlich ziemlich einfach und auch logisch. Aber man kommt nicht sofort auf die Idee, die Schalter so zu legen:

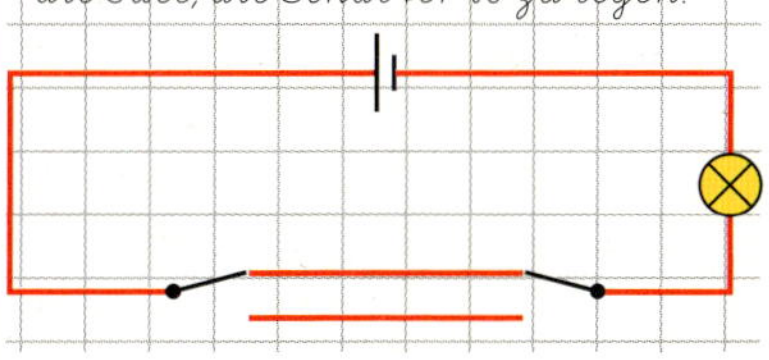

A1: a) Baue die Wechselschaltung nach Fabians Vorschlag auf. **b)** Zeichne und prüfe die Schaltung für jede mögliche Schalterstellung. **c)** Mit Kreuzschaltern kann man die Schaltung noch erweitern. Hier kann die ganze Klasse mitmachen.

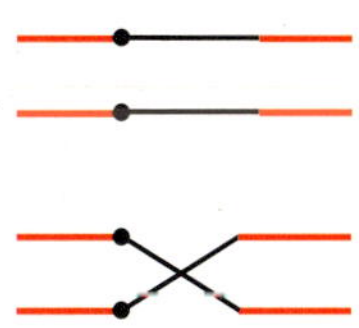

A2: Mache dir zu der Schaltung nach ➠ *Bild 2 b* eine Tabelle. Vergleiche sie mit der Tabelle zu ➠ *Versuch 2*. Was fällt dir auf?

A3: Zeichne den Schaltplan für eine Weihnachtsbaumbeleuchtung mit mehreren Lämpchen. Wenn du auch nur *ein* Lämpchen lockerst, sollen alle anderen erlöschen.

A4: a) Wo findest du zu Hause eine Schaltung wie bei der Autotür? Suche dort den Taster. **b)** Welche Bedeutung hat der Türschalter beim Geschirrspüler?

A5: a) Wie leuchten die drei Lampen im Vergleich (➠ *Bild*)? **b)** Was wird sich ändern, wenn man den Schalter S öffnet?

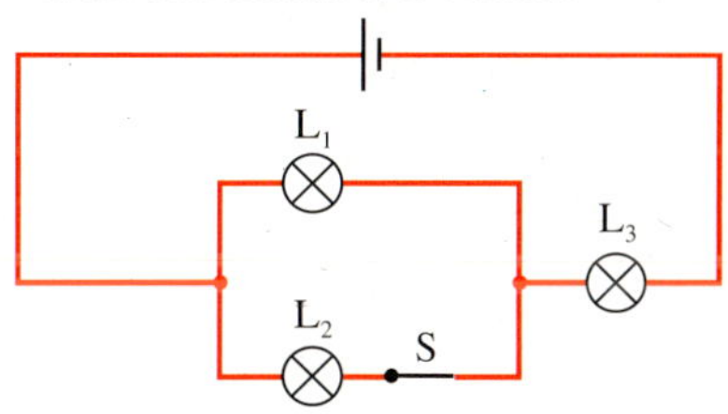

A6: Katharina hat sich ein Schaltungsrätsel ausgedacht. Im Stromkreis leuchten drei Lampen. Zwei Schalter hat sie mit einem Tuch verdeckt. Wenn sie Schalter 2 öffnet, gehen alle Lampen aus. Schließt sie Schalter 2 und öffnet Schalter 1, dann leuchten Lampe 2 und Lampe 3. Zeichne die abgedeckten Schalter ein.

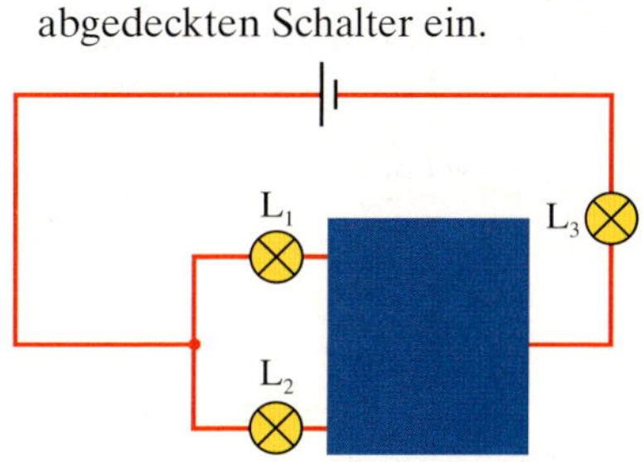

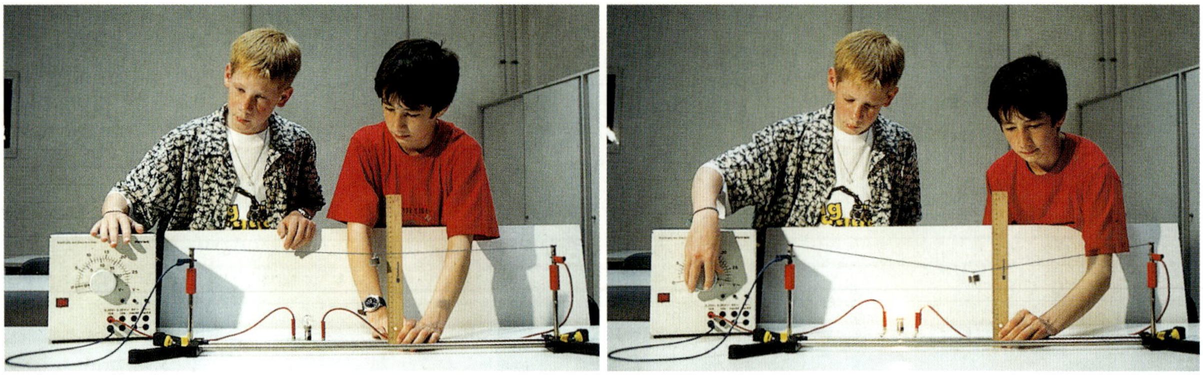

B 1: Je stärker der Strom, desto höher steigt die Temperatur des Drahtes und desto länger wird der Draht.

V 1: a) Wir spannen einen etwa 1 m langen, dünnen Draht aus dem Metall Konstantan wie in → *Bild 1* zwischen Isolierstützen auf. Statt einer Batterie verwenden wir ein Netzgerät, mit dem man die Stärke des Stroms einstellen kann. Nun drehen wir die Stromstärke vorsichtig hoch. Die in den Stromkreis geschaltete Glühlampe war anfangs noch dunkel und wird nun immer heller. Deine Hand in der Nähe des gespannten Drahtes spürt deutlich, wie auch er heißer wird. Der Draht hängt schon etwas durch. **b)** Nimm deine Hand fort und drehe die Stromstärke noch höher. Der Draht beginnt zu glühen, erst dunkelrot, dann immer heller. Er wird noch länger und hängt stärker durch. Bevor er durchschmilzt, beenden wir den Versuch.

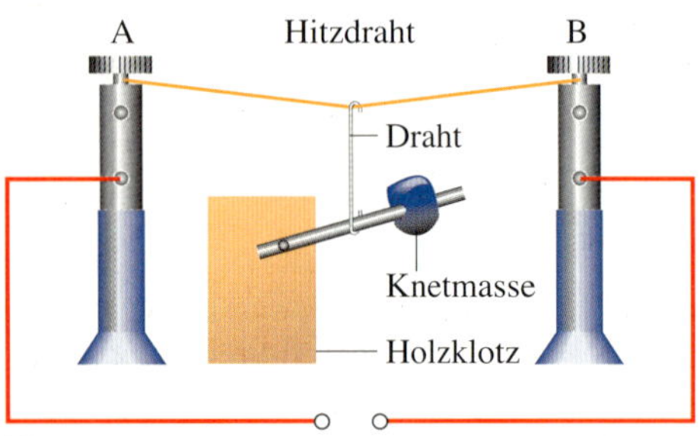

V 2: Wir erweitern den Aufbau von → *Versuch 1* um einen Zeiger. Ein Trinkhalm steckt auf einer Stecknadel als Drehachse in einem Holzklotz. Wir beschweren die Spitze des Trinkhalms (die „Zeigerspitze") mit Knetmasse und hängen den Zeiger an den Hitzdraht. Je mehr der Hitzdraht sich durch Aufheizen ausdehnt, je stärker also der Strom ist, desto weiter schlägt der Zeiger nach unten aus.

Von Heizdraht, Glühlampe und Sicherung

1. Ein Draht wird heiß

Wenn du zu Hause am Küchenherd ein *Kochfeld* anstellst, kannst du nach kurzer Zeit glühende Drähte im Innern erkennen. Auch wenn du von oben in einen *Toaster* schaust, kannst du hell glühende Drähte beobachten. Sie geben Energie ab und rösten so das Brot.
In *Glühlampen* heizt der Glühdraht den Glaskolben auf; du kannst dich daran verbrennen. Für die hohe Temperatur ist in beiden Fällen elektrischer Strom verantwortlich. Die Farbe des glühenden Drahtes gibt dir einen Hinweis auf seine Temperatur. Der Glühdraht einer Glühlampe z. B. glüht weiß, damit ist er heißer als 1600 °C (→ *Interessantes*).

Sehr viele elektrische Heizgeräte enthalten einen Heizdraht, der heiß wird, wenn er elektrischen Strom führt. Beim *Wasserkocher* z. B. ist dieser Heizdraht in einem Metallrohr untergebracht. Damit der Heizdraht die elektrisch leitende Wand des Rohres nicht versehentlich berührt, ist das Rohr mit einer nicht leitenden Masse ausgegossen, die höhere Temperaturen verträgt.

2. Je heißer der Draht – desto länger der Draht

Je stärker der Strom, desto heißer wird ein Draht. → *Versuch 1* zeigt, dass der Draht dabei auch länger wird. (Auch andere Gegenstände aus Metall dehnen sich mit zunehmender Temperatur aus.) Dann müsste doch die Länge eines Drahtes von der Stromstärke abhängen. Je größer die Stärke des Stromes ist, desto heißer wird der Draht und desto länger wird er auch. Damit eignet er sich gut für den Bau eines einfachen Zeigerinstruments, mit dem du die Stärke elektrischer Ströme vergleichen kannst (→ *Versuch 2*).

Merksatz

Ein Draht, der Strom führt, wird heiß und dehnt sich dabei aus. Je stärker der Strom ist, desto heißer und länger wird der Draht.

Interessantes

A. Der Trick mit der Glühwendel

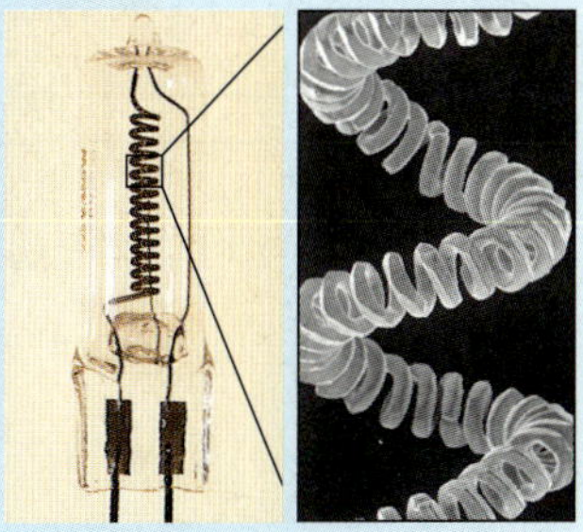

Siehst du dir den Glühlampendraht aus Wolfram genauer an, so erkennst du, dass er gewendelt ist. Dafür gibt es einen wichtigen Grund, den das folgende Experiment zeigt:

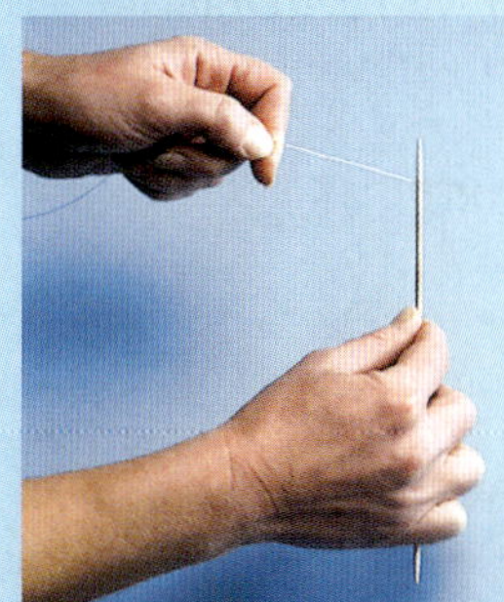

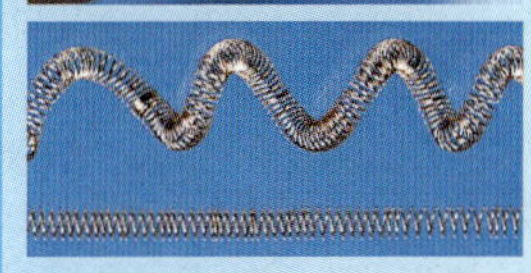

Wir nehmen drei gleiche Drähte (Konstantan, 0,2 mm Durchmesser). Den ersten belassen wir so wie er ist, den zweiten wickeln wir zu einer engen Wendel auf, bei dem dritten drehen wir eine solche Wendel gar noch zu einer Doppelwendel.

Wie in *Bild 3* schalten wir die Drähte in einen Stromkreis in eine Reihe. In jedem Draht ist somit die Stromstärke gleich groß. Am Netzgerät stellen wir den Strom so ein, dass die Doppelwendel hell glüht. Die Einfachwendel glüht nur dunkelrot, der gerade Draht gar nicht – obwohl doch die Stromstärke überall gleich ist.

Was ist der Grund dafür? Der heiße Draht gibt Energie an die Umgebung ab. Diese kann aber bei dem gewendelten Teil nicht so ungehindert abfließen wie beim geraden Draht. Die Wendeln „werfen" sich die Energie gegenseitig zu und heizen sich so zusätzlich auf. Bei der Doppelwendel ist dieser Effekt noch stärker. Man erhält bei der gleichen Materialmenge und bei der gleichen Stromstärke höhere Temperaturen und helleres Licht.

Farbe des Drahtes	Temperatur
dunkelrotes Glühen	etwa 700 °C
hellrotes Glühen	etwa 1000 °C
gelbes Glühen	etwa 1200 °C
weißes Glühen	ab 1600 °C

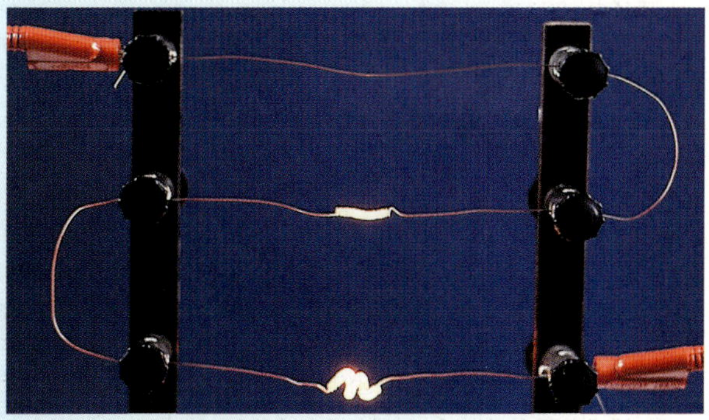

B3: Die Doppelwendel leuchtet am hellsten.

B. Geschichte der elektrischen Lampen

Goebels Lampe (um 1860)

Edisons Lampe (um 1885)

Der deutsch-amerikanische Ingenieur und Uhrmacher Johann Heinrich Goebel hatte 1854 die Idee, Bambusfasern zu verwenden. Er entnahm sie seinem Spazierstock, verkohlte sie (Kohle leitet Strom), band sie an Metalldrähte und schmolz diese Glühkörper in luftleer gepumpte Glasampullen ein. Als Stromquelle benutzte er Batterien. Mit diesen „leuchtenden Flaschen" konnte er seinen New Yorker Uhrmacherladen bis zu 200 Stunden beleuchten.

Ab 1877 beschäftigte sich der Allrounderfinder Thomas Alva Edison mit der Glühlampe. Nach sehr vielen, wenig erfolgreichen Versuchen mit verschiedensten Materialien benutzte auch er besonders behandelte Bambusfasern.

Edison war aber nicht nur Erfinder, sondern auch Unternehmer. Ende 1879 beleuchtete er den Dampfer „Columbia" mit 115 „Edison-Lampen" – ein großer Werbegag. Auf der ersten elektrischen Ausstellung in Paris im Jahre 1881 ließ er gleichzeitig 1000 seiner Glühlampen aufleuchten – die Glühlampe wurde zu einem Gebrauchsgegenstand.

Zusätzlich erfand Edison gleich alle notwendigen Techniken zum Betreiben der Glühlampe mit: Dynamo, Verteiler, Leitungen, Stromzähler, Sicherungen, Schalter, Fassungen, Isoliermaterial und viele andere Dinge mehr.

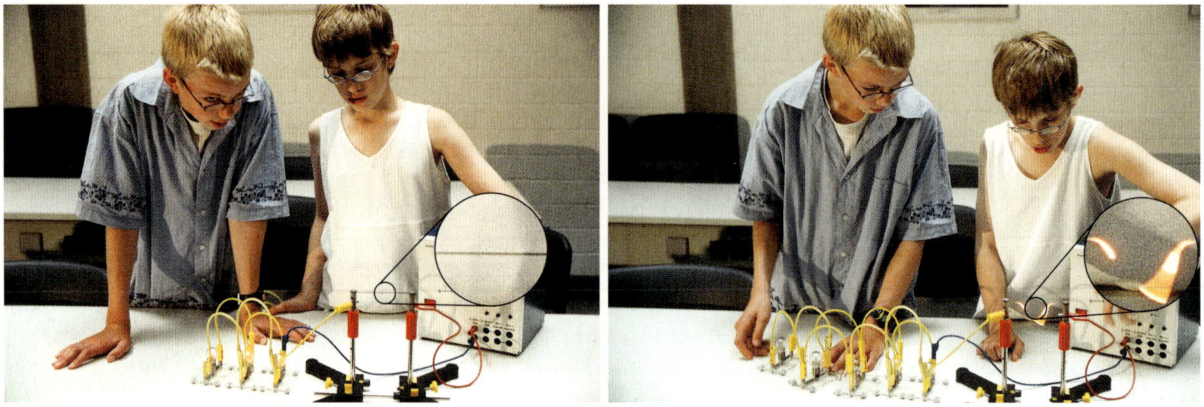

B1: Katharina und Hendrik testen ihre Sicherung: Fünf Lampen sind zuviel, der dünne Draht schmilzt!

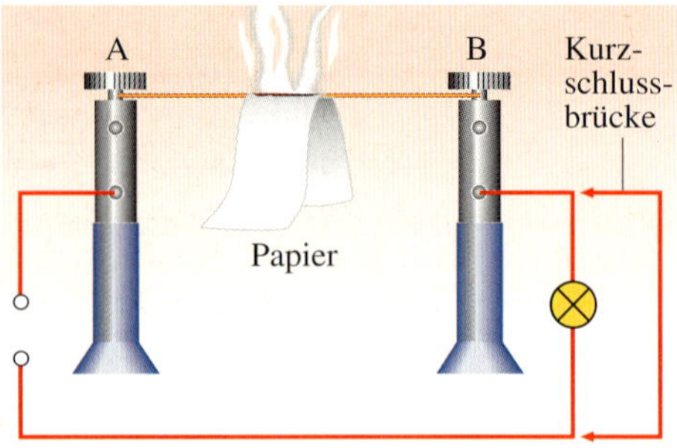

V1: In dem Schaltkreis besteht eine der Zuleitungen zur Lampe aus einem Konstantandraht. Über dem Draht hängt ein Papierreiter. Wir stellen den Strom so ein, dass die Lampe hell leuchtet. Katharina überbrückt nun die Glühlampe mit einem kurzen dicken Draht. Der Konstantandraht wird schnell glühend und entzündet den Papierreiter. (Achte darauf, eine nicht brennbare Unterlage für den Versuch zu benutzen!)

V2: Im Aufbau von ➠ *Versuch 1* wird der Konstantandraht durch einen dünneren Draht oder einen Lamettafaden ersetzt, der schon bei niedrigerer Temperatur schmilzt. Wieder sorgen wir für einen Kurzschluss an der Lampe. Wieder steigt die Stromstärke im Stromkreis an. Der statt des Drahtes benutzte Lamettafaden schmilzt durch und unterbricht so den Stromkreis, bevor die anderen, dickeren Leitungen glühend heiß werden können.

Vorsicht bei solchen Versuchen: Schütze deine Augen durch eine Brille vor heißen Metallspritzern!

3. Heiße Drähte sind gefährlich

Ein kurzer dicker Wasserschlauch behindert den Wasserfluss nicht so stark wie ein langer dünner Schlauch. Genauso stellt ein kurzer dicker Draht für die Elektrizität einen kleineren Widerstand dar als ein langer dünner Glühlampendraht. Schaltet man ein solches Drahtstück parallel zur Glühlampe, findet die Elektrizität einen zusätzlichen „bequemen“ Nebenweg. Schlagartig wird der Strom im gesamten Kreis sehr stark.

Das Überbrücken der Glühlampe nennt man **Kurzschluss**. So ein Kurzschluss kann eine Brandgefahr bedeuten. Dies zeigt das Entzünden des Papierreiters in ➠ *Versuch 1*.

Merksatz

Beim Kurzschluss besteht Brandgefahr.

4. Sicherungen helfen

In alten brüchigen Kabeln oder defekten Geräten kann es auch in unserem Stromnetz zu Hause zu Kurzschlüssen kommen. Leitungskabel, auch die Unterputzkabel in den Wänden, können dann so heiß werden, dass Isolierungen schmelzen, Tapeten oder Vorhänge sich entzünden und so Wohnungsbrände auslösen. Gibt es davor einen Schutz?
Ein dünner Lamettafaden sorgt in ➠ *Versuch 2* dafür, dass die übrigen Leitungsdrähte im Stromkreis vor Überhitzung geschützt sind. So funktioniert das:
Der Lamettafaden glüht als Erster, wenn der Strom zu stark wird. Beim Kurzschluss brennt der Lamettafaden durch und unterbricht so den ganzen Stromkreis. Nach diesem Prinzip arbeiten Schmelzsicherungen (➠ *Bild 2*). Ein dünner Schmelzdraht ist in einer Porzellanfassung gut geschützt untergebracht. Er ist in den Stromkreis geschaltet und schmilzt schnell durch, wenn ein Kurzschluss auftritt. Ist der Sicherungsdraht durchgeschmolzen, fällt das Kennplättchen ab. Die Schmelzsicherung muss dann gegen eine neue ausgetauscht werden.

5. Gefahr auch bei Überlastung

Manchmal brennt eine Sicherung auch ohne Kurzschluss durch. Das liegt vielleicht daran, dass mehrere Großgeräte (z.B. Geschirrspüler, Wäschetrockner, Heizspirale) gleichzeitig eingeschaltet sind. Auch wenn zu viele Lampen gleichzeitig angeschaltet sind, kann die Sicherung wegen Überlastung durchbrennen.

In ➠ *Versuch 3* und in ➠ *Bild 1* ahmen wir diesen Vorgang nach. Warum brennt die Sicherung schließlich durch? Die Lampen sind parallel geschaltet. Durch jede Lampe fließt in jeder Sekunde gleich viel Elektrizität, denn schließlich leuchten alle Lampen gleich hell. Die gemeinsame Leitung muss in jedem Augenblick die Elektrizität für alle Lampen transportieren. Mit jeder zusätzlichen Lampe quält sich also mehr Elektrizität durch den Sicherungsdraht. Schließlich „wird ihm zu heiß" und er schmilzt durch.

Merksatz

Eine Schmelzsicherung unterbricht den Stromkreis „von allein", wenn als Folge einer zu großen Stromstärke (Kurzschluss, Überlastung) der Schmelzdraht durchschmilzt.

V3: Baue den Stromkreis nach ➠ *Bild 1* zunächst mit nur einer Lampe auf. Sie leuchtet und nichts weiter geschieht. Schalte nun immer mehr Lampen *parallel*. Plötzlich verlöschen alle Lampen gleichzeitig. Der dünne Draht, unsere Schmelzsicherung im Versuch, ist durchgebrannt.

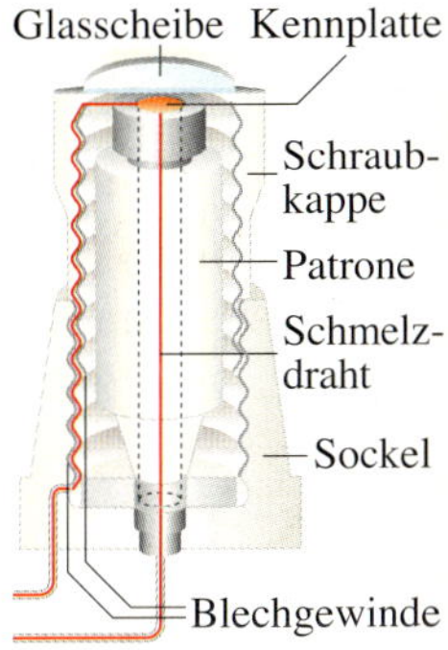

B2: a) Schnittzeichnung einer Schmelzsicherung **b)** Verschiedene Schmelzsicherungen und zwei Sicherungsautomaten

6. Verschiedene Sicherungen

Schmelzsicherungen gibt es in verschiedenen Ausführungen zum Absichern unterschiedlicher Geräte (➠ *Bild 2*). Sicherungen für Waschmaschine und Elektroherd müssen „mehr aushalten" als Sicherungen für die Wohnungsbeleuchtung.
Auch im Auto gibt es mehrere kleine Schmelzsicherungen für die verschiedenen Stromkreise.

Mach's selbst

A1: Zähle einige Ursachen auf, die zu Kurzschlüssen führen können.

A2: Beim letzten Fest waren zwei Raclettepatten in Betrieb. Max brachte noch eine mit. Als er sie anschloss, sprang die Sicherung heraus. War sein Gerät defekt?

Interessantes

Bimetall und Elektromagnet sichern gemeinsam

Das Auswechseln durchgebrannter Sicherungen ist recht lästig. So genannte *Sicherungsautomaten* (➠ *Bild 2, Mitte*) sind hier vorteilhaft. Die Zeichnung zeigt ein Funktionsprinzip: Du siehst dort einen *Bimetallstreifen*. Dies sind zwei aufeinander geschweißte Bleche aus verschiedenen Metallen (z.B. Eisen und Messing). Beim Erhitzen dehnt sich der Messingstreifen stärker aus als der Eisenstreifen. Weil nun die Bleche nicht aneinander vorbeirutschen können, biegt sich der Bimetallstreifen.
Die um den Bimetallstreifen gewickelte Heizwendel ist in die Stromleitung geschaltet. Je stärker der Strom, desto heißer wird das Bimetall. Bei zu starkem Strom biegt sich der Streifen so weit nach rechts, dass die Sperrklinke ausrastet. Die Feder zieht den Kontaktstreifen nach oben und unterbricht so den Stromkreis. Ist die Ursache der Überlastung beseitigt und der Bimetallstreifen abgekühlt, kann man den Druckknopf

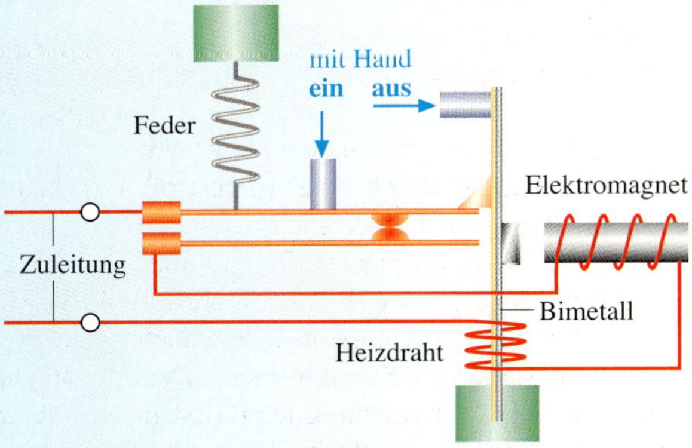

zurückdrücken und den Stromkreis wieder schließen. Auf eine *kurzzeitige, sehr starke* Überlastung kann der Bimetallstreifen nicht schnell genug reagieren. Jetzt hilft der Elektromagnet (auf ihn gehen wir später noch genau ein). Er zieht schlagartig am Eisenklotz des Bimetallstreifens nach rechts: Auch so wird der Stromkreis unterbrochen und die Gefahr ist vorbei.

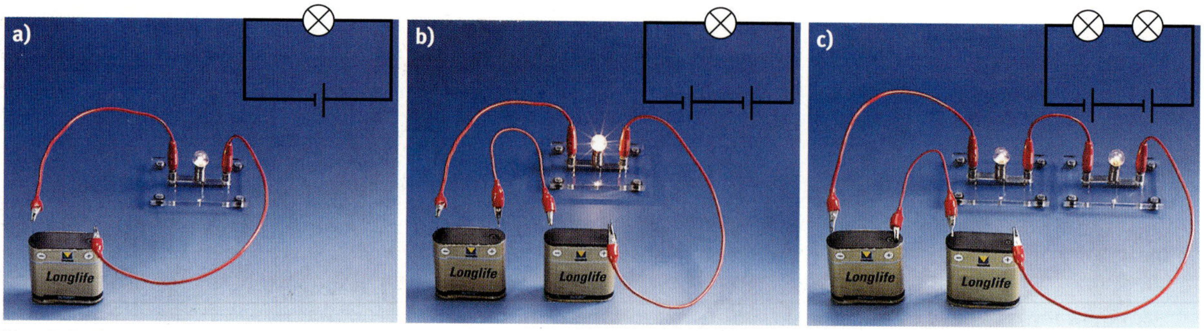

B1: Die Stärke des elektrischen Stromes hängt von Antrieb (Zahl der Batterien) und Widerstand (Zahl der Glühlampen) ab.

V1: Schalte wie in *Bild 1b* zwei Batterien in Reihe in den Stromkreis. Tatsächlich, die Lampe leuchtet heller als mit nur einer Batterie.

V2: Schalte in dem Aufbau von *Bild 1b* eine weitere Glühlampe in Reihe mit der ersten (*Bild 1c*). Beide Lampen leuchten nun wieder etwa so hell wie eine Lampe mit nur einer Batterie (*Bild 1a*).

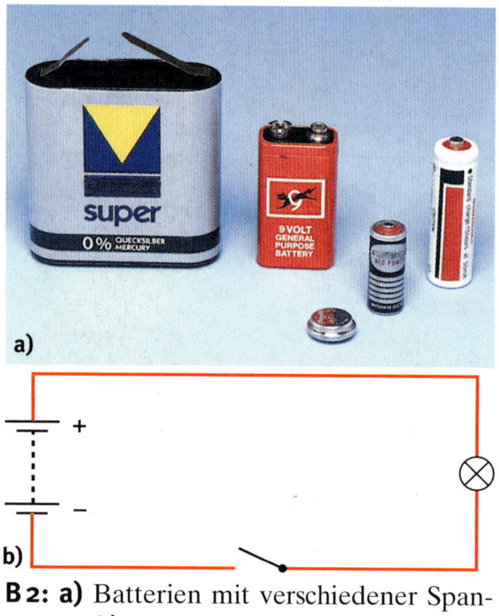

B2: a) Batterien mit verschiedener Spannung; **b)** je nach Spannung leuchtet die Glühlampe dunkler oder heller.

V3: Baue mit unterschiedlichen Batterien (Monozelle mit 1,5 V, Flachbatterie mit 4,5 V, Blockbatterie mit 9 V) den Aufbau aus *Bild 2b* nach. Je größer die Voltangabe ist, desto heller leuchtet die Lampe. Eine 9 V-Batterie wirkt wie zwei in Reihe geschaltete 4,5 V-Batterien.

Auf die richtige Spannung kommt es an

1. Je mehr Antrieb, desto heller die Lampe

Beim Rad fahren fällt Lisa auf, dass der Scheinwerfer mal heller und mal dunkler leuchtet. Es muss an der Stromquelle, dem Dynamo liegen. Zu Hause nimmt sie statt des Fahrraddynamos erst eine (*Bild 1a*), dann zwei Batterien hintereinander. Den Pluspol der einen verbindet sie mit dem Minuspol der anderen Batterie (*Bild 1b*). So kennt sie es von einer Stabtaschenlampe. – Die Lampe leuchtet mit zwei Batterien tatsächlich heller. Lisa erklärt sich das so: „Die Lampe leuchtet heller, wenn der Strom stärker ist. Dazu müssen wir den Antrieb im Stromkreis vergrößern, das habe ich mit zwei Batterien gemacht."

Was geschieht, wenn wir neben dem Antrieb auch den „Widerstand" vergrößern? Eigentlich müsste jetzt der Strom wieder schwächer werden – wie beim Wasserschlauch, der noch an einer zweiten Stelle zugequetscht wird. *Versuch 2* bestätigt dies: Zwei Batterien in Reihe geschaltet haben zusammen einen größeren *Antrieb*, zwei Glühlampen in Reihe geschaltet einen größeren *Widerstand*. Das gleicht sich aus: Ein größerer Antrieb erhöht die Stromstärke, ein größerer Widerstand verkleinert sie.

2. Die Spannung bestimmt den Antrieb

Lisa hat den elektrischen Antrieb durch Zuschalten einer zweiten Batterie verstärkt. Es geht auch einfacher. *Bild 2a* zeigt Batterien, die sich neben ihrer äußeren Form vor allem durch die Angabe 1,5 V, 4,5 V und 9 V (V: Volt) unterscheiden. Die Voltangabe auf der Batterie beschreibt also den Antrieb. Statt vom „elektrischen Antrieb" spricht man von der **Spannung** einer Batterie. Die bisher oft verwendeten Flachbatterien haben eine Spannung von 4,5 V (*Tabelle 1*).

Merksatz

Die Stromstärke im elektrischen Stromkreis hängt von Spannung und Widerstand ab.

3. Die Spannungen müssen zusammenpassen

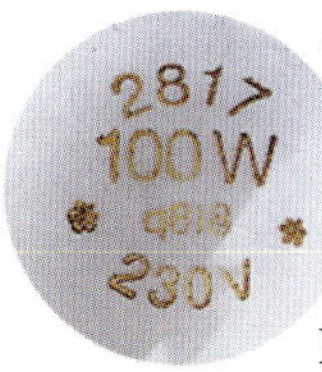

Auch auf den Glühlampen findest du eine Voltangabe aufgedruckt. Was soll diese Angabe bedeuten, Glühlampen treiben doch keine Elektrizität an?

Die Lampenaufschrift gibt die so genannte **Nennspannung** der Glühlampe an (hier z.B. 230 V). Darunter versteht man die Spannung, die man für den normalen Betrieb der Lampe braucht.

- Liegt die Spannung unter der Nennspannung, wie in ➠ *Versuch 4*, dann funktioniert die Lampe nicht ordentlich. Sie leuchtet zu dunkel oder überhaupt nicht.
- Liegt die Spannung über der Nennspannung des Lämpchens (➠ *Versuch 5*), dann leuchtet sie zu hell.

Bei ➠ *Versuch 5* gibt es sogar eine böse Überraschung: Die Lampe geht plötzlich aus. Wir sagen, die Lampe sei „durchgebrannt". Betrachten wir den Glühdraht genau (z.B. durch eine Lupe), finden wir eine kleine Unterbrechung. Außerdem hat ein dunkler Belag den Glaskolben von innen geschwärzt (➠ *Bild 3*). Was ist geschehen?
Die hohe Spannung am Netzgerät lieferte einen zu starken Strom durch den Glühdraht. Damit erhitzte sich der Glühdraht so stark, dass das Metall verdampfte – wie bei einer Schmelzsicherung. Der Metalldampf hat sich schließlich an der Innenseite des Kolbens niedergeschlagen (der Belag lässt sich nicht abreiben).

Merksatz

Die **Spannung einer Stromquelle** darf nicht über der Nennspannung angeschlossener Geräte liegen.

Tauschst du die verbrauchten Batterien eines elektrischen Gerätes aus, dann musst du auf die richtige Spannung der Batterien achten. Aber auch die Polung der Batterien muss stimmen: Der Pluspol der Batterie wird an den Plus-Anschluss des Gerätes angeschlossen, der Minuspol entsprechend an den Minus-Anschluss.

Stromquelle	Spannung
Kohle-Zink-Monozelle	1,5 V
Flachbatterie (3 Monozellen)	4,5 V
Blockbatterie (6 Monozellen)	9 V
Autobatterie	12 V oder 24 V
Spielzeugtrafo	20 V
Telefonnetz	60 V
Hausnetz	230 V
Oberleitung der Straßenbahn	500 V
Oberleitung der Eisenbahn	15 000 V
Überlandleitung	bis 400 000 V

T1: Gebräuchliche Spannungen

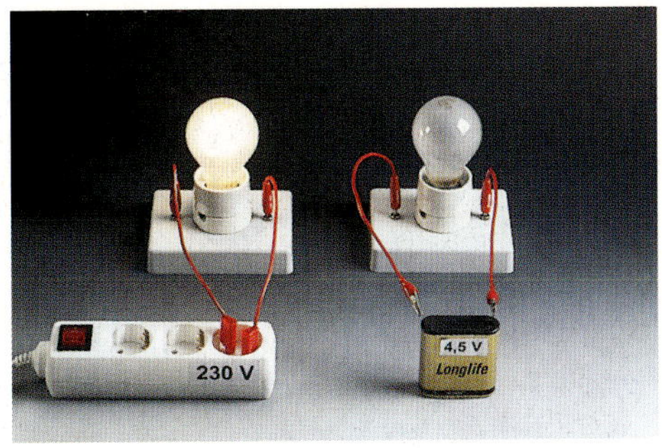

V4: (*Lehrerversuch!*) Im Versuch wird eine übliche Haushaltslampe mit dem Aufdruck 230 V an die Netzspannung 230 V angeschlossen. Sie leuchtet normal. Die Lampe bleibt dunkel, wenn man sie an eine Flachbatterie mit viel kleinerer Spannung (4,5 V) anschließt.

V5: Wir betreiben die Glühlampe aus einem Fahrradscheinwerfer (6 V) mit einem einstellbaren Netzgerät. Bei 6 V beginnend drehen wir langsam zu höheren Spannungen bis etwa 10 V. Die Glühlampe leuchtet hier sehr hell. Leider erlischt sie schon nach wenigen Minuten.

B3: Diese Glühlampe ist mit zu hoher Spannung betrieben worden.

Mach's selbst

A1: Was geschieht, wenn in ➠ *Versuch 2* eine der beiden *Batterien* wieder herausgenommen wird?

A2: Schraube das Glühlämpchen aus deiner Taschenlampe und vergleiche den Aufdruck mit der Angabe auf den verwendeten Batterien.

A3: Eine Füllung aus Halogengas erschwert in Halogenlampen das Abdampfen von Metall vom Glühdraht. Warum kann man diese Lampe dann mit einer höheren Spannung betreiben?

Interessantes

Tödlicher Stromschlag wegen eines Drachens

(ap) GELSENKIRCHEN, 29. August
Innerhalb von 48 Stunden sind in Gelsenkirchen beim Spiel an Starkstrom-Gerüsten ein 14-jähriger Junge tödlich, ein 15-jähriger lebensgefährlich und ein 13-jähriges Mädchen schwer verletzt worden. Wie die Polizei am Montag mitteilte, waren alle drei mit einer 15 000-Volt-Leitung in Berührung gekommen. Der ältere Junge und das Mädchen waren auf die Oberleitung einer Bahnlinie geklettert. Sie stürzten nach Berührung des Drahtes wie brennende Fackeln in die Tiefe. Bei dem Versuch, seinen in eine Starkstrom-Leitung geratenen Drachen zu bergen, erlitt der 14-jährige Junge tödliche Verletzungen. Der Junge war auf einen eisernen Kohlewagen geklettert und dann mit der Leitung in Berührung gekommen.

B 1: So stand es in der Zeitung.

Gefahren durch elektrischen Strom

A. Nicht mehr als 24 V

Schon bei den kleinen Spannungen der Flachbatterien fließt Elektrizität durch den menschlichen Körper, wie du bereits weißt. Jedoch ist der schwache elektrische Strom für uns bei 4,5 V Batteriespannung völlig ungefährlich. Was ist aber bei dem Unfall geschehen (➠ *Bild 1*)?
Die Kinder sind mit einer *Hochspannungsleitung* in Berührung gekommen. Auch dabei ist Elektrizität durch ihren Körper geflossen. Für den Jungen endete diese Berührung des Fahrdrahtes der Eisenbahn bei seiner Kletterpartie tödlich!

Die Stromquelle der Eisenbahn hat eine Spannung von 15 000 V. Der starke elektrische Strom durch den Körper ist in dem Fall tödlich. Schon der Kontakt über eine möglicherweise etwas feuchte Drachenschnur kann lebensgefährlich sein (➠ *Bild 2*). Aber auch schon 230 V Netzspannung an der Steckdose sind höchst gefährlich. Für Spielzeug und Schülerexperimente hat man 24 V als Höchstspannung festgelegt.

B. Eine Leitung reicht schon

Damit Elektrizität den menschlichen Körper durchströmen kann, muss er an mindestens zwei Stellen Kontakt mit einem elektrischen Stromkreis haben. Wie aber war der Unfall in Gelsenkirchen dann möglich, wo doch nur *eine* Leitung berührt wurde?

Einen *zweiten* Anschluss braucht natürlich auch der Elektromotor einer Eisenbahnlok. Durch einen einfachen Trick hat man hier aber Kosten gespart (➠ *Bild 3*). Die Elektrizität fließt vom Elektrizitätswerk durch die Oberleitung zum Stromabnehmer der Lokomotive und von dort durch isolierte Kabel und die Drahtwicklungen des Elektromotors der Lok zu den Rädern. Durch die *Schienen* geht es dann zurück zum E-Werk, der Stromkreis ist geschlossen. Berührt ein Mensch die Oberleitung und steht dabei in Verbindung mit den Schienen, z. B. über feuchtes Erdreich, erhält er einen tödlichen Stromschlag.

B 2: Gefahren drohen auch beim Drachensteigen.

Auch beim E-Werk ist stets ein Pol mit der Erde verbunden (➠ *Bild 4*). Deshalb wird in ➠ *Bild 2* vor einer Berührung zwischen Freileitung und Drachenschnur gewarnt. Über die Erde könnte sich ein lebensgefährlicher Stromkreis schließen: Vom E-Werk, über die Freileitung, die Drachenschnur und den Körper des Kindes durch die Erde zurück zum E-Werk. Wie bei der Eisenbahn ist die Erde der „zweite Anschluss" an das E-Werk, man spricht daher von **Erdschluss**.

- Es ist verboten, mit mehr als 24 Volt Schülerexperimente durchzuführen oder Spielzeug zu betreiben. Lehrerversuche dürfen nicht nachgemacht werden.
- Suche im Physiksaal den **roten Pilzdrucktaster** (**Not-Aus**). Bei Gefahr kannst du den roten Taster eindrücken und so die Spannung wegnehmen.

- Unfälle durch Erdschluss treten auf, wenn man eine Leitung berührt und guten Kontakt zur Erde hat.

Interessantes

B3: Die Oberleitung ist nur der eine Anschluss, die Schienen sind der andere.

C. Das 230 V-Netz

Zu lebensgefährlichen Unfällen durch Erdschluss kommt es immer wieder zu Hause. Die zwei Leitungen, die jedem Hausanschluss vom E-Werk zugeführt werden, heißen *Außenleiter* und *Neutralleiter*. Im E-Werk, in der Trafostation und in jedem Haus ist der Neutralleiter stets mit der Erde verbunden (➠ *Bild 4*). Alle Geräte, die man zwischen Außen- und Neutralleiter schaltet, werden von Elektrizität durchflossen (Lampen 1 und 4) – das ist normal.

Aber auch die Lampe 2 leuchtet. Sie liegt zwischen Außenleiter und Erde: Elektrizität fließt vom Außenleiter durch die Lampe und weiter durch die Erde zum E-Werk zurück – Erdschluss.

Lampe 3 bleibt dunkel; zwischen Erde und Neutralleiter herrscht keine Spannung. Da man aber zu Hause nicht weiß, welche der Leitungen der Neutralleiter ist, besteht beim Berühren stets Lebensgefahr.

- Berühre nie die Pole einer Steckdose – auch nicht nur einen!
- Wechsle nie eine Glühlampe, ohne vorher die Sicherung ausgeschaltet zu haben.
- Kleinkinder sollen durch Kindersicherungen in den Steckdosen geschützt werden.
- Repariere keine elektrischen Geräte, überlasse dies ausgebildeten Fachleuten.
- Benutze keine Geräte mit defekten Zuleitungen.
- Ziehe Netzleitungen nicht am Kabel, sondern am Stecker aus der Steckdose.
- Hantiere nicht mit elektrischen Geräten, wenn du feuchte Finger hast oder im Feuchten stehst.
- Benutze keine elektrischen Geräte im Bad.
- Halte dich von Hochspannungsleitungen fern.
- Erkundige dich zu Hause, wo die Sicherungen sind.

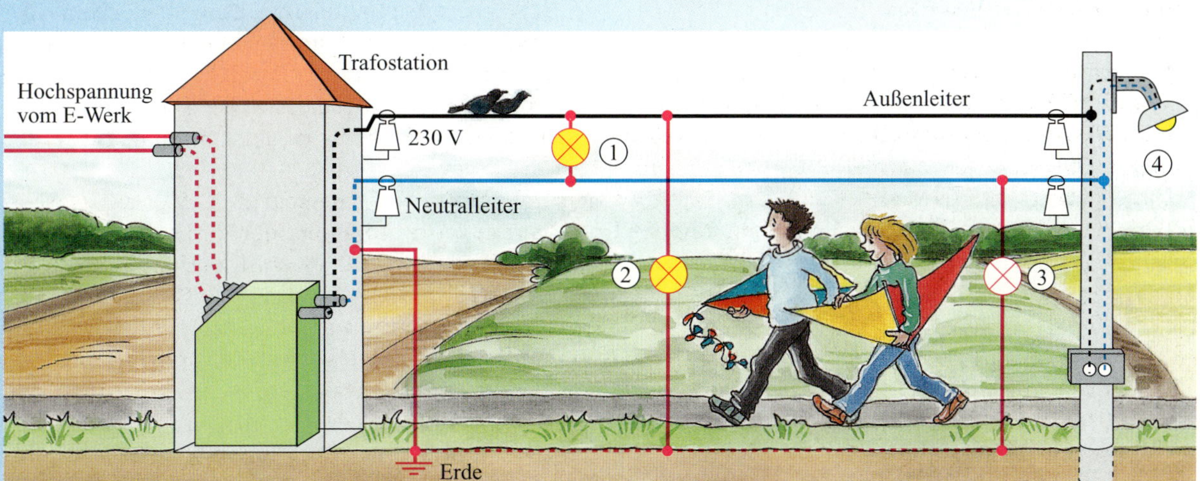

B4: Auch die Erde ist ein Anschluss des Stromnetzes; sie ist mit dem Neutralleiter verbunden.

Projekt

A. Kartoffelzelle und andere Zellen

Kann man eine Batterie selber bauen? Dieser Frage gehen wir in diesem Projekt einmal nach. Damit wir eine Vorstellung bekommen, wie elektrische Zellen grundsätzlich aufgebaut sind, schauen wir uns zunächst einmal eine alte Batterie von innen an.

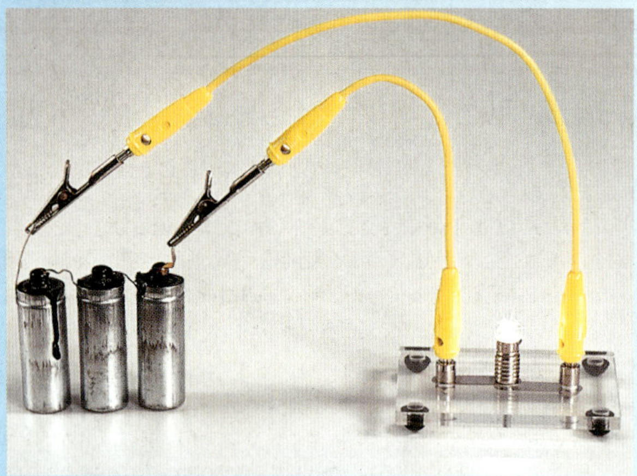

Aufträge

- Entferne zunächst die Pappumhüllung einer Flachbatterie. Du findest drei „Zellen“, die mit dünnen Drähten untereinander verbunden sind. Auch so ist die Batterie noch voll funktionsfähig. Die Flachbatterie besteht aus drei in Reihe geschalteten Einzelzellen (auch: Monozellen). Die Papphülle trägt offenbar nichts zur elektrischen Funktion bei. Sie sorgt lediglich für mechanische Stabilität.
- Schließe eine Glühlampe zunächst nur an eine Zelle an. Nimm dann die zweite und schließlich die dritte Zelle dazu. Was beobachtest du?
- Stelle fest, wie die Zellen untereinander verbunden sind und fertige eine Zeichnung an.
- Welche Pole sind nach außen geführt?

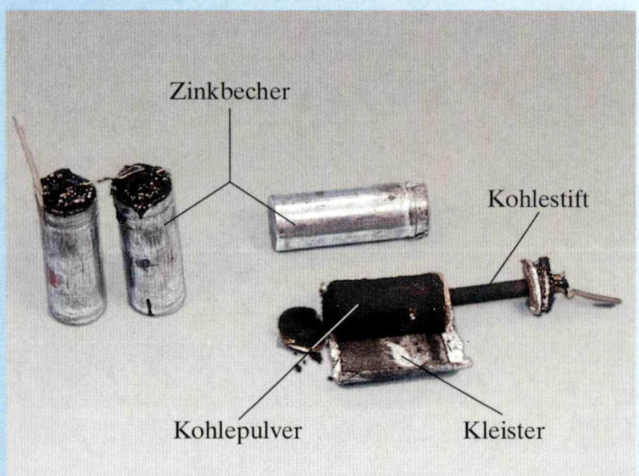

Du brauchst:
1 alte Batterie,
1 Kartoffel, 1 Apfel,
Cola, Gurkenwasser,
1 Glühlampe,
1 Kopfhörer,
Kohlestäbe, Kabel,
Metallplatten
(verschiedene Materialien),
1 Messgerät,
1 Leuchtdiode

Wenn du alles protokolliert hast, geht es weiter:
Öffne vorsichtig mit Zange und Säge den Metallbecher einer Einzelzelle. Achte darauf, dass du nichts von den unbekannten Stoffen in dein Auge bekommst!
Du findest im Becher Kohlepulver, ätzend riechenden Kleister und einen mitten in ihn eingetauchten Kohlestab.

Für unsere selbst gebaute Zelle verwenden wir den Kleister nicht. Den Kohlestab und ein Stück von dem Metallbecher (Zinkbecher) kannst du benutzen. Drücke beide in die mitgebrachte Kartoffel.

Leuchtet ein angeschlossenes Glühlämpchen?
Leuchtet eine Leuchtdiode?

Vielleicht sind sie nicht empfindlich genug. Du kannst die Anordnung folgendermaßen empfindlicher machen:
Verbinde einen Anschluss des Kopfhörers fest mit dem Blechstück. Tippe nun mit dem anderen mehrmals gegen den Kohlestab. Ein deutliches Knacken zeigt dir: *Die Kartoffelzelle funktioniert.*

Mit deinen Nachbarn kannst du auch eine Kartoffelbatterie aus mehreren Kartoffelzellen zusammensetzen. Achte auf die richtige Polung. Teste das Ergebnis wieder mit Kopfhörer, Messgerät, Leuchtdiode und Glühlämpchen.

Wenn du alle Ergebnisse notiert hast, steht deiner Phantasie nun nichts mehr im Wege. Was kannst du alles verändern?

Das kannst du alles testen:

- Nimm z. B. einen Apfel anstelle der Kartoffel.
- Nimm andere Materialien als Kohlestift und Zinkstreifen (z. B. Kupferdraht und Eisennagel)
- Nimm Bleche verschiedener Materialien mit größerer Fläche und tauche sie in verschiedene Flüssigkeiten: z. B. Kochsalzlösung, Essigwasser von eingemachten Gurken, Cola, Limonade, …
- Nimm verschiedene Bleche und verbinde sie einfach durch deine aufgelegten Hände.

Projekt

B1: Eine stärkere Batteriezelle: Kupfer- und Zinkplatte in Kochsalzlösung.

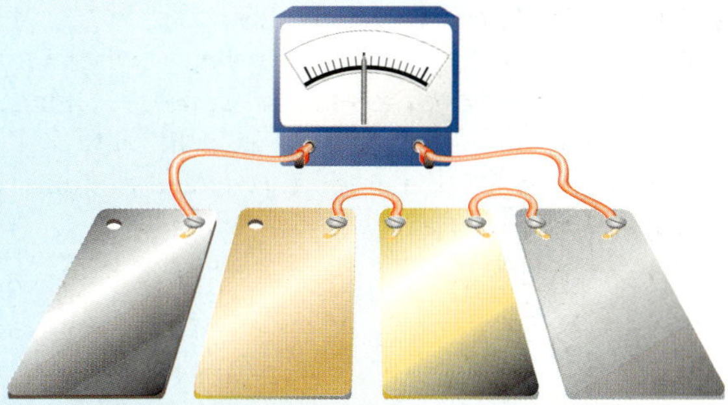

B2: „Handbatterie“

Eine Erkenntnis hast du sicher gewonnen:
Alle Zellen benötigen eine ätzende und elektrisch leitende Flüssigkeit und zwei elektrisch leitende Stoffe, die sich unterschiedlich stark auflösen.

B. Styroporschneider

Styroporplatten kann man mit einem scharfen Messer schneiden. Allerdings werden die Kanten recht unsauber, denn das Styropor® krümelt sehr und Messer werden schnell stumpf.

Du brauchst:
1 Styroporplatte,
1 regelbares Netzgerät (oder Spielzeugtrafo),
Konstantandraht (0,2 mm),
2 Isolierstützen, Kabel,
Stativmaterial,
2 Lüsterklemmen,
1 Laubsägebügel

Viel besser geht es mit einem elektrischen Schneidegerät. Dazu braucht man eigentlich nur einen gespannten, sehr heißen aber noch nicht glühenden Draht. Dieser schmilzt das Styropor® und verdampft es an der Berührstelle. Schiebt man einen Styroporblock gegen einen solchen Hitzdraht, dann geht dieser durch das Styropor® wie „ein Messer durch Butter“. Anschließend hat man zwei saubere Schnittflächen.

Dieses Prinzip kannst du mit ein oder zwei Helfern einmal ausprobieren. Schiebe dabei den Styroporblock gleichmäßig und schön langsam gegen den Draht. Dabei müssen die Helfer den Hitzdraht immer stramm spannen. Mit einer Rolle und einem Wägestück könnt ihr den Draht auch automatisch spannen.
Mit dieser Apparatur lassen sich Platten und Quader für verschiedene Anwendungen zuschneiden. Schwer fällt es allerdings, damit z.B. große Buchstaben oder andere krummlinige Figuren zu basteln.
Da hilft der Laubsäge-Styroporschneider:
Schraube einfach den Konstantandraht an den Sägebügelenden zusammen mit blanken Enden der Kabel fest in Lusterklemmen ein – fertig ist das Schneidegerät.
Hiermit kannst du nun für das nächste Schulfest große Buchstaben oder auch andere Figuren ausschneiden.

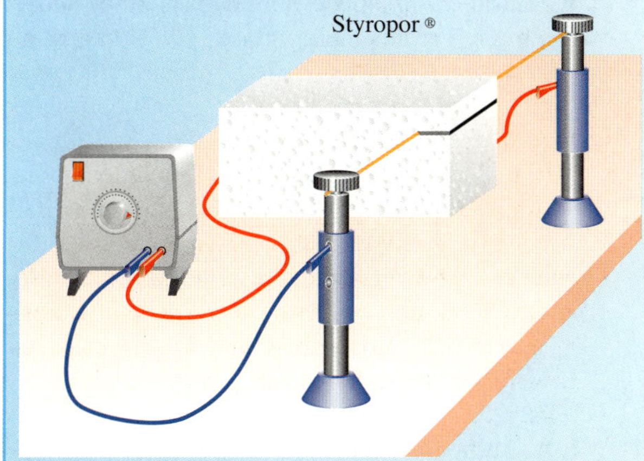

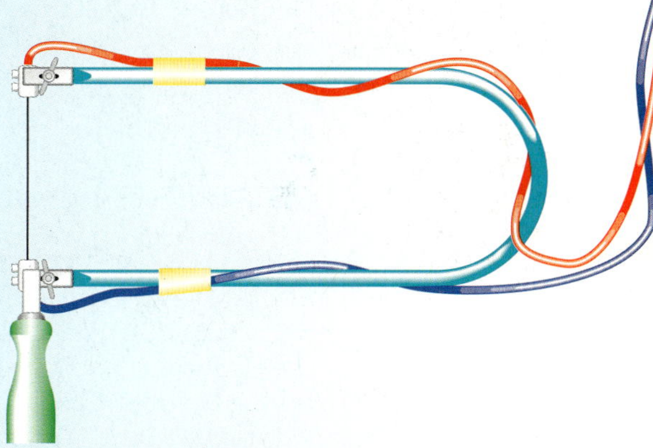

Vertiefung

B1: Auf dem Energiefahrrad

B2: Jan experimentiert

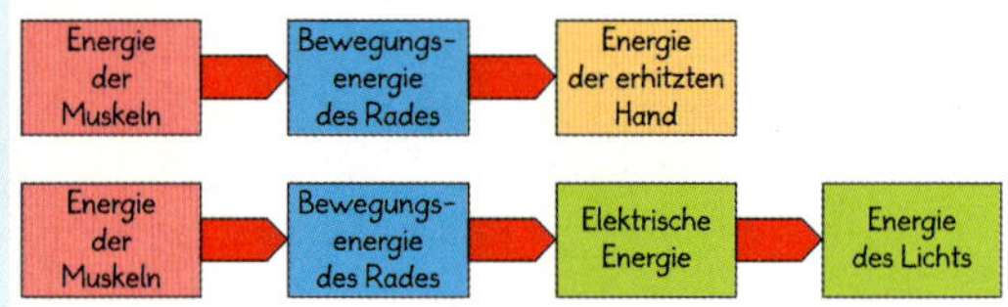

B3: Energieübertragungsketten

Energie in der Physik

Vielleicht hast du auch schon einmal wie in *Bild 1* auf einem *Energiefahrrad* gesessen und erfahren, wie mühsam es ist, eine Glühlampe andauernd zum Leuchten zu bringen oder gar minutenlang die Energie zum Erhitzen von Wasser zu „erstrampeln". Auf der Anzeigetafel dieses Energiefahrrades wird angezeigt, wie viel Energie gerade fließt.

A. Beim Erhitzen wird Energie übertragen

Im *Bild 2* wiederholt Jan die „Energieversuche" mit seiner Fahrradbeleuchtung. Er hat das Fahrrad auf den Kopf gestellt, gibt dem Vorderrad mit der Hand immer wieder den gleichen Schwung und untersucht das *Langsamerwerden* des Rades unter verschiedenen Bedingungen. Er stellt fest:

- Der Schwung des Rades nimmt schneller ab, wenn die Stromkreise von Scheinwerfer oder Rücklicht geschlossen sind, am schnellsten, wenn beide Lampen gleichzeitig leuchten.
- Wenn er das Rad mit der Hand mehr oder weniger abbremst, spürt er mehr oder weniger Temperaturerhöhung an seiner Handfläche.

Auch bei Jans Versuchen haben wir es mit **Energieübertragung** zu tun. Beim Energiefahrrad musst du unentwegt treten, sonst hört die Energieübertragung auf. Bei Jans Versuchen steckt die Energie zuerst im rotierenden Vorderrad, man kann beobachten, wie sie weniger wird – das Rad wird langsamer. Die Energie-Übertragungsketten im *Bild 3* zeigen für Jans Versuche die Wege der Energie.

Bei Jans Versuchen können wir die Merkmale der Energieübertragung besser ablesen.

Mit Energie kann man heizen. Wenn man heizen will, muss man Energie zuführen. Das gilt für Jans Handflächen und für den Glühdraht in der Lampe. Beide Male stammt die Energie aus der Bewegung des Vorderrades, das Jan vorher mit der Energie aus seinen Muskeln in Schwung gebracht hat.

Energie zum Erhitzen kann durch Reibung übertragen werden oder mithilfe eines Stromkreises. Beide Male wird die Energie des sich drehenden Rades geringer (wir sehen, dass es langsamer wird) und beide Male wird etwas erhitzt (wir spüren die Temperaturerhöhung). – Wir halten fest:

(1) Temperaturänderung eines Gegenstands ist immer mit Energieübertragung verbunden.

(2) Energie kann von einem Körper auf einen anderen übertragen werden.

(3) Ein in Schwung gesetztes Rad hat *Bewegungsenergie*. Wenn es langsamer wird, gibt es Energie ab.

B. Stromkreis: Einbahnstraße für Energie

Im geschlossenen Stromkreis fließt die Elektrizität im Kreisverkehr durch die Drähte. Allerdings braucht jeder Kreislauf einen Antrieb.

Beim Wassermodell im *Bild 4* ist es die Pumpe, die Energie von außen bezieht und über den Wasserkreis an das Turbinenrad liefert. Das Turbinenrad gibt die Energie beim Heben nach außen an den Gegenstand ab. – Für die Energie gibt es also keinen Kreislauf, sondern eine Einbahnstraße: Von der Pumpe zur Turbine.

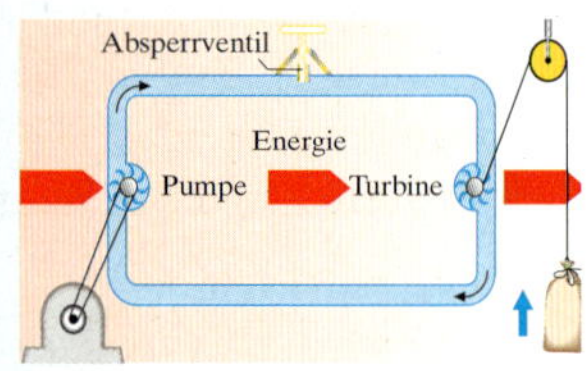

B4: Energieübertragung im Wasserstromkreis

Im elektrischen Stromkreis an Jans Fahrrad sind Dynamo und Glühlampe die **Energiewandler** (*Bild 5*). Der Dynamo wandelt Energie des in Schwung gebrachten Vorderrades in elektrische Energie. Die Glühlampe wandelt die vom Stromkreis übertragene

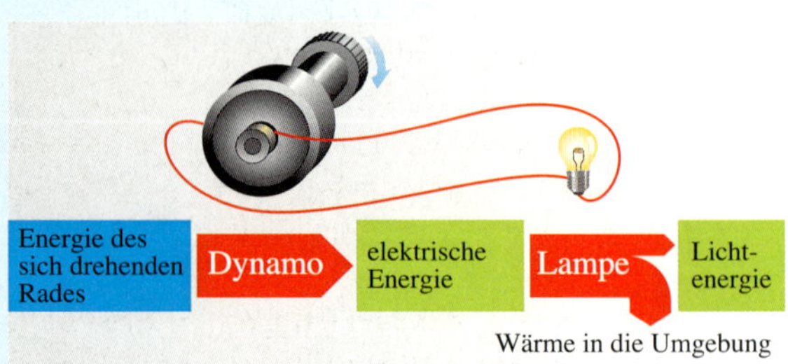

B5: Dynamo und Glühlampe sind Energiewandler

Vertiefung

Energie, heizt damit den Glühdraht und gibt die Energie als Licht weiter – leider nur zu einem Teil, der Rest dient dazu, das Glühlämpchen und die Umgebung zu erhitzen.

(4) Für die Energie ist der Stromkreis eine Einbahnstraße: Der Fahrraddynamo bekommt die Energie und gibt sie über den Stromkreis an die Glühlampe. Diese gibt sie als Licht und Wärme weiter.

C. Elektrische Energie aus Höhenenergie

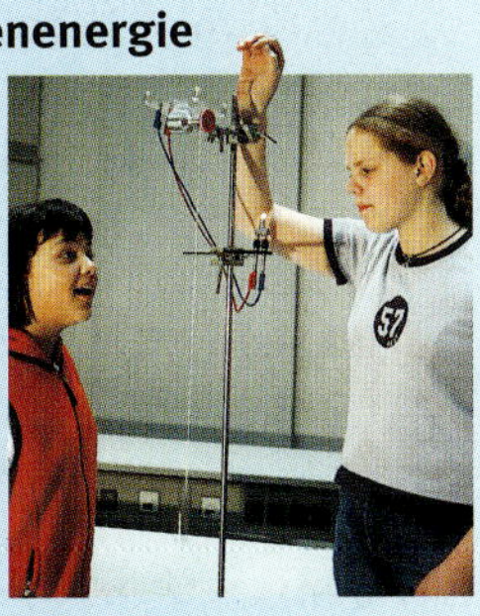

Sofia und Sarah haben einen Dynamo oben an die Stativstange geschraubt. Statt des Reibrädchens hat er ein Rad mit Rille, um das sie einen Faden gewickelt haben. An den Faden hängen sie Hakengewichte. Wenn sie die Gewichte loslassen, sinken diese nach unten. Solange sie sinken, leuchtet das an den Dynamo angeschlossene Glühlämpchen.

Woher kommt jetzt die Energie, die das Lämpchen leuchten lässt?
Bei Jans Versuchen wurde das Rad langsamer, es hat von seiner **Bewegungsenergie** abgegeben. Bei Sofia und Sarah haben die Gewichte an Höhe verloren und dabei **Höhenenergie** abgegeben.
Und wie bekamen die Wägestückchen ihre Höhenenergie? Von Sofia oder Sarah! Eine von beiden hat ihnen „Höhe gegeben" und dabei Energie zugeführt.

(5) Man muss einem Gegenstand Energie zuführen, damit er Höhe gewinnt. Der Gegenstand speichert dabei die Energie als *Höhenenergie*. Er kann die Energie durch Höhenverlust wieder abgeben.

D. Elektrische Energie muss bezahlt werden

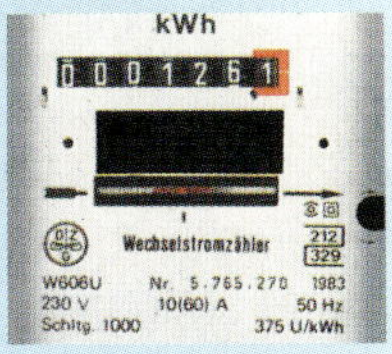

Viele Geräte erleichtern als Energiewandler unser Leben, aber nicht kostenlos. Für die Rechnung des Elektrizitätswerks wird der so genannte „Stromverbrauch" am Zähler abgelesen. Dieser misst die Menge an elektrischer Energie, die der Wohnung zugeführt wird. Im Zähler dreht sich eine Scheibe und treibt ein Zählwerk an. Scheibe und Zählwerk laufen umso schneller, je mehr Geräte eingeschaltet sind. Das Zählwerk gibt die übertragene Energiemenge in Kilowattstunden (kWh) an. Wie viele Kilowattstunden zählt euer Zähler zu Hause an einem Tag?

E. Energie geht nicht verloren

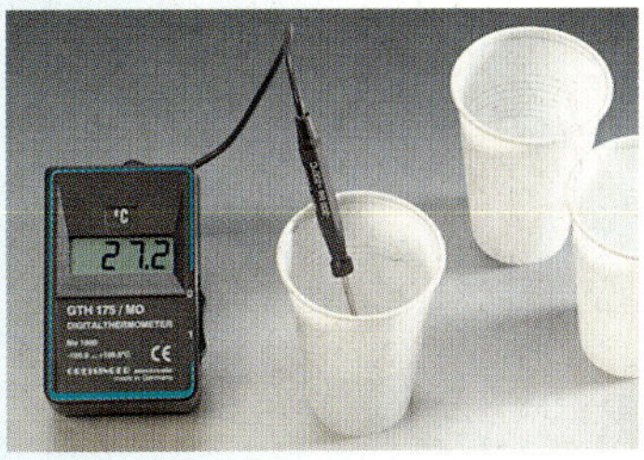

Jan erhitzt kleine Wasserportionen in der Mikrowelle. Er nimmt immer die gleiche Menge in einem Plastikbecher, stellt immer die kleinste Stufe ein, immer 30 Sekunden lang. Er bestimmt jeweils die Temperatur mit einem Digitalthermometer und stellt fest: Jedes Mal steigt die Temperatur von 20 °C auf 27 °C. – Er hat dies erwartet, die Mikrowelle liefert in 30 Sekunden immer die gleiche Menge Energie.
Mit dieser immer gleichen Energiemenge führen wir drei Versuche durch. Jedes Mal beginnen wir mit *zwei* kalten Wasserportionen (20 °C), führen insgesamt zwei Energieportionen zu und messen zum Schluss die Endtemperatur *einer* doppelten Wasserportion:

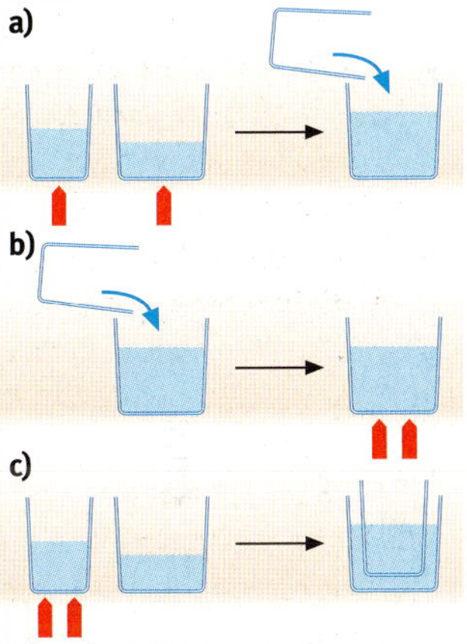

(1) Jede der Wasserportionen wird in der Mikrowelle erhitzt, dann werden beide Portionen in dem größeren Becher zusammengeschüttet.
(2) Beide Wasserportionen werden sofort zusammengeschüttet, dann zweimal 30 Sekunden lang geheizt.
(3) Eine Wasserprobe wird 60 Sekunden lang in die Mikrowelle gestellt, dann mit dem Becher in die andere Wasserprobe gehalten und geschwenkt, bis sich die Endtemperatur eingestellt hat.
In allen drei Versuchen messen wir die Endtemperatur 27 °C. – Was bedeutet das? Zum Schluss haben wir immer die doppelte Wassermenge in einem Becher. Dieser doppelten Wassermenge wurde auf unterschiedlichen Wegen zweimal die gleiche Energieportion zugeführt, jeder *einzelnen* Wasserprobe also *eine* Energieportion. Welchen Weg die Energie zu ihrer Wasserportion gegangen ist, in welcher Wasserprobe sie zwischendurch gespeichert ist, spielt für das Ergebnis keine Rolle.

(6) Beim Erhitzen wird auf das Wasser Energie übertragen. Das Wasser speichert die Energie und kann sie wieder abgeben. Energie geht bei der Übertragung nicht verloren.

Projekt

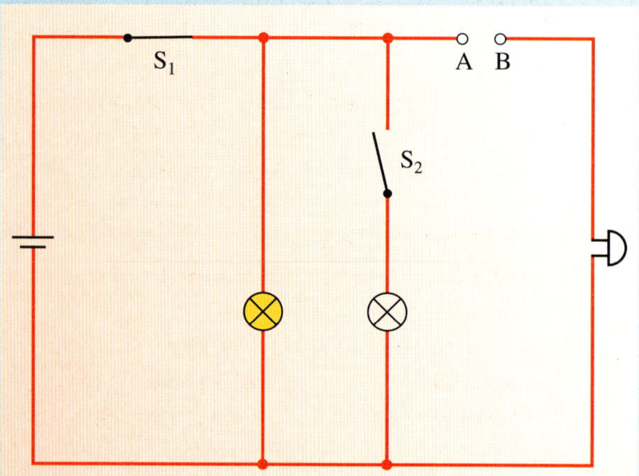

B1: Schaltskizze zum Spiel. Im *Bild 2* findest du das zwischen den Punkten A und B fehlende Teilstück des Stromkreises.

Ein Wissens- und Geschicklichkeitsspiel

Nach so viel fleißiger Arbeit auf dem Gebiet der Elektrizität darf auch einmal gespielt werden, z. B. als Vorbereitung auf die nächste Klassenparty.

Es soll ein elektrischer Apparat entstehen, der Wissen und Geschicklichkeit anzeigt.

Die Spielregeln:
Zunächst werden zwei Wissensfragen aus dem Gebiet der Elektrizität gestellt. Wenn die erste Antwort richtig ist, wird der linke Schalter (S_1) geschlossen, die linke Lampe leuchtet auf. Ist auch die zweite Antwort richtig, wird der rechte Schalter (S_2) geschlossen. Beide Lampen leuchten. Der Spieler oder die Spielerin beginnt jetzt das Geschicklichkeitsspiel. War die zweite Antwort richtig, so hat man einen Fehler beim Geschicklichkeitstest frei, man darf dann noch einmal beginnen.

Doch bevor du mit dem Basteln beginnst, erkläre deinen Mitschülern, wie die Schaltung (*Bild 1*) funktioniert.

Du brauchst:
1 Kupfer- oder Messingstange (50 cm; Durchmesser 2 mm) oder ersatzweise Kupferdraht (1,2 mm) oder Schweißdraht (2 mm),
2 Befestigungsbügel,
mehrere Lüsterklemmen,
1 Netzgerät (oder Batterie 4,5 V)
Kabel, Schaltdraht,
1 Holzbrett (15 cm × 30 cm)
2 Lampen (6 V, 3 W)
2 Lampenfassungen E10,
1 elektrischer Summer

B2: So sieht der Teil des Stromkreises zwischen den Punkten A und B aus, an dem die Geschicklichkeit getestet wird. Die Öse wird am Handgriff vorsichtig am gesamten Drahtstück entlang bewegt. Dabei darf der Draht nicht berührt werden. Andernfalls ertönt der Summer.

Das ist wichtig

1. Elektrizität im Kreisverkehr: Stromkreis

- Leuchtet eine Glühlampe, so fließt Elektrizität im geschlossenen Stromkreis.
- Verschiedene Materialien leiten unterschiedlich gut. Metalle und Kohle sind gute Leiter; Porzellan, Glas und Kunststoffe sind Nichtleiter (Isolatoren).
- Wasser leitet, wenn Salze darin gelöst sind.
- Im einfachen Stromkreis ist der elektrische Strom überall gleich stark.
- Elektrizität wird in elektrischen Geräten nicht verbraucht.

2. Das Wassermodell

- Der Wasserkreislauf ist eine gute Modellvorstellung für den elektrischen Stromkreis. Sie hilft uns, Vorhersagen für den elektrischen Strom zu machen.
- Beachte aber auch die Unterschiede zwischen den beiden Kreisläufen.

3. Das Schalten von Lampen

- Bei der **Parallelschaltung** sind die Teilströme voneinander unabhängig. Wenn eine Lampe ausfällt, so leuchtet die andere mit ihrem Teilstrom weiter – mit unverminderter Helligkeit.

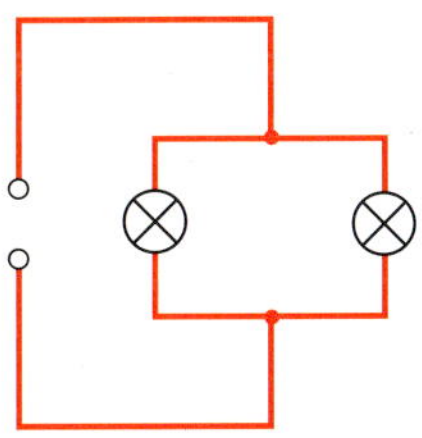

- Bei der **Reihenschaltung** durchfließt Elektrizität nacheinander zwei oder mehr Lampen. Fällt eine Lampe aus, so erlöschen gleich alle. Bei der Reihenschaltung ist der Widerstand größer als bei einer einzelnen Lampe. Der Strom ist daher nicht so stark und die Lampen leuchten schwächer als bei der Einzellampe oder der Parallelschaltung.

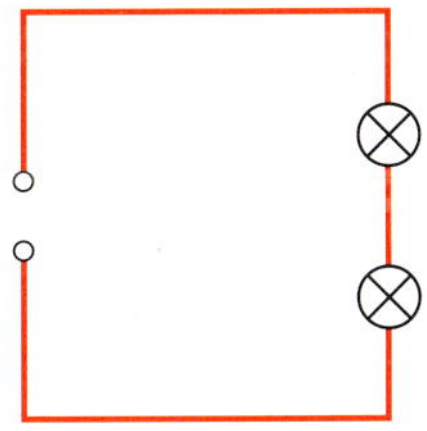

4. Wirkungen fließender Elektrizität

- Ein Draht, der elektrischen Strom führt, wird erhitzt. Je stärker der Strom ist, desto heißer wird der Draht.
- Bei Kurzschluss und Überlastung besteht Brandgefahr durch zu starke Ströme. Eine Sicherung unterbricht in diesem Fall den Stromkreis.

5. Elektrische Stromquellen

- Batterien und andere Stromquellen liefern den Antrieb für fließende Elektrizität.
- Die Voltangabe auf Stromquellen ist ein Maß für den Antrieb, d. h. für die elektrische **Spannung**.
- Die Stromstärke im elektrischen Stromkreis hängt von *Spannung* und *Widerstand* ab.

6. Gefahren durch elektrischen Strom

- Der menschliche Körper kann ein Leiter in einem Stromkreis sein. Die Elektrizität wird über die Blutgefäße durch den Körper geleitet. Das kann zu tödlichen Störungen der Organfunktionen führen. Fließt zu lange zu viel Elektrizität durch das Herz, dann kann es zum Herzstillstand kommen.
- Um das Berühren von elektrischen Leitungen untereinander und durch Menschen zu verhindern, werden sie mit einem isolierenden Kunststoffmantel umgeben. Führen Metallteile nach außen, dürfen diese auf keinen Fall Kontakt mit dem Netz haben, sonst wird es gefährlich.

Deshalb gelten **Sicherheitsregeln:**

- Experimentiere nur mit Spannungen bis 24 V!
- Kein „Do it yourself" an elektrischen Anlagen!
- Benutze keine elektrischen Geräte im Bad!
- Wechsle Lampen nur aus, wenn die Sicherungen ausgeschaltet sind!
- Wenn ein Verunglückter noch am Stromkreis liegt, so schalte zuerst den Strom ab!

Mach's selbst

A1: Welche Teile von Wasserstromkreis und elektrischem Stromkreis entsprechen einander? Welche Unterschiede kennst du?

A2: Nenne Hinweise darauf, dass im Stromkreis Elektrizität im Kreis fließt.

A3: Wie kann man zeigen, dass in einem Stromkreis keine Elektrizität verbraucht wird?

A4: Warum sind Lampen in Wohnungen nicht in Reihe geschaltet? Nenne mehrere Gründe.

A5: Plane und zeichne einen Schaltkreis für das Umschalten von Fern- auf Abblendlicht beim Auto.

A6: Sonjas Vater ist Elektriker. Er hat sich eine Schaltung für die Urlaubszeit überlegt:

- Die Außenlampe soll nur in der Dämmerung und der Nacht angehen.
- Dann soll sie aber mit Schaltuhr immer von 22 Uhr bis 24 Uhr brennen.
- Außerdem soll sie (durch einen Bewegungsmelder) immer dann angehen, wenn sich jemand dem Haus nähert.

Baue dies mit drei Schaltern, Batterie und Lämpchen nach.

A7: Was ändert sich jeweils, wenn du Lampe 1 bzw. Lampe 2 herausschraubst?

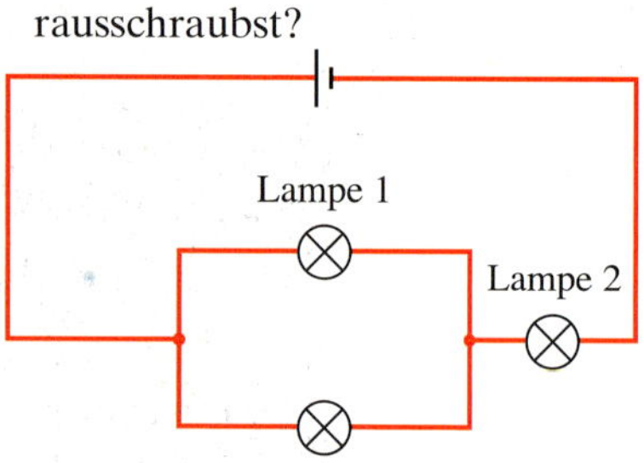

A8: Wie groß ist die Nennspannung bei verschiedenen Geräten, die du benutzt (Taschenlampe, Fernbedienung des Fernsehers usw.)?

A9: Die Isolierung älterer Kabel ist oft brüchig. Welche Gefahren können dadurch entstehen?

A10: Im Bild ist eine defekte Leitung zu sehen. Das Metallgehäuse der Waschmaschine führt dadurch Strom.

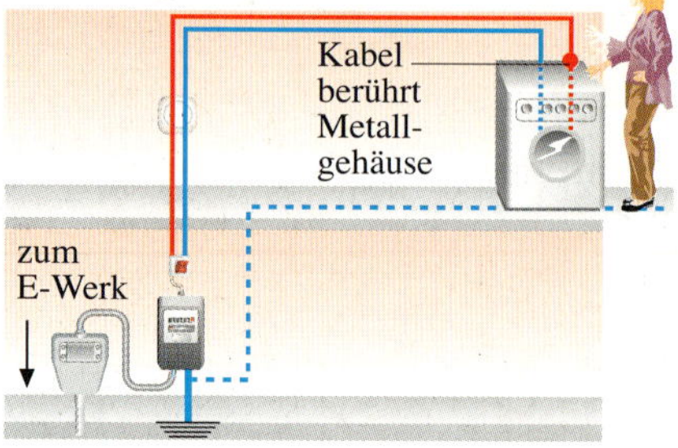

a) Beschreibe, was geschieht, wenn ein Mensch das Gehäuse anfasst. Wie fließt die Elektrizität? Bedenke, dass bei unserem Lichtnetz eine Leitung immer mit der Erde verbunden ist. **b)** Was wäre bei einem Kunststoffgehäuse geschehen?

A11: Es ist lebensgefährlich, einen Drachen in der Nähe von Hochspannungsleitungen steigen zu lassen. Beschreibe den Stromweg für den Fall, dass die Drachenschnur eine Leitung berührt.

A12: Was haben Fahrradbeleuchtung und Stromversorgung einer Lokomotive gemeinsam? Was ist dagegen der überlebenswichtige Unterschied?

A13: Wie schafft man es, dass die Glühwendel einer Lampe hell leuchtet, die Zuleitung aber keine Brandgefahr liefert?

A14: Erkläre, was ein „Erdschluss" ist. Welche Gefahr besteht für den Menschen?

A15: Schreibe eine Fantasiegeschichte, in der für einen Tag der elektrische Strom ausfällt. Wie würdest du diesen Tag erleben?

A16: *Spiel:* Denke dir einen Stromkreis aus, der drei nummerierte Schalter, eine Lampe und eine Batterie enthält. Dein Nachbar tut das Gleiche. Fragt euch abwechselnd, was zu beobachten ist, wenn man bestimmte Schalter schließt oder öffnet. Wer als Erster die Schaltung richtig aufzeichnen kann, hat gewonnen.

Mit diesem Spielzeug kann man aus Magneten tolle Figuren bauen, denn sie bleiben an den Eisenkugeln einfach haften. Auch untereinander ziehen sich Magnete gegenseitig an oder sie stoßen sich ab.

Auch Kompassnadeln sind Magnete. Sie richten sich nach den Magnetpolen der Erde aus.

Es gibt auch Magnete, die man elektrisch an- und abschalten kann. Diese Elektromagnete sind in viele Gegenstände unseres Alltags eingebaut.

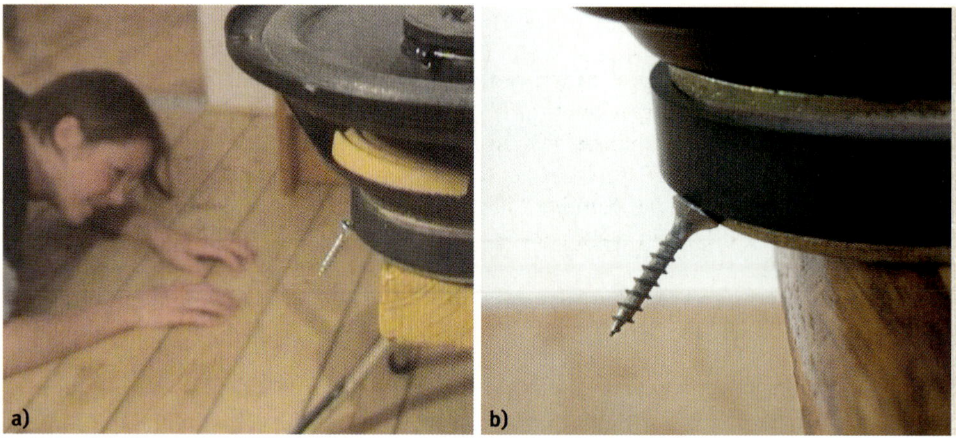

B 1: a) Andrea ist beim Einbau von Lautsprechern eine Schraube aus der Hand gerutscht. Vergeblich sucht sie die Schraube auf dem Boden. **b)** Die Schraube bleibt an der Lautsprecherunterseite „kleben“.

Auftrag:
Überprüfe, welche Gegenstände vom Magneten angezogen werden. Trage die Ergebnisse in eine Tabelle ein.

Gegenstand	Material	wird angezogen
Nagel	Eisen	ja
Kerze	Wachs	nein
Heft	Papier	nein
Alu-Folie	Aluminium	nein
Schlüssel	Eisen	ja
...	...	...

Es fällt auf, dass Gegenstände aus Eisen vom Magneten angezogen werden.

V 1: Untersuchung magnetischer Kräfte

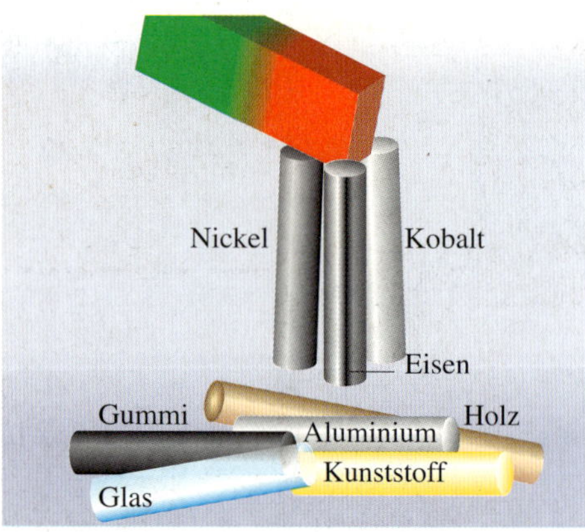

V 2: Nur Gegenstände aus Eisen, Kobalt oder Nickel bleiben am Magneten „kleben“.

Eigenschaften von Magneten

1. Was hält die Schraube am Lautsprecher fest?

Andrea ist beim Einbau von Lautsprecherboxen eine Schraube aus der Hand gerutscht. Allerdings hat sie den Aufprall der Schraube nicht gehört. Vergeblich sucht sie die Schraube auf dem Boden. Später stellt Andrea fest, dass die Schraube gar nicht zu Boden gefallen ist. ➠ *Bild 1* zeigt, dass die Schraube am unteren Teil des Lautsprechers hängen blieb. Aus ihrer Erfahrung weiß Andrea, dass ein Magnet Gegenstände wie Nägel oder Schrauben anziehen kann. Ein kurzer Test zeigt ihr: Eine Schraube bleibt am Lautsprecher haften, ein Radiergummi hingegen nicht. Deshalb vermutet sie, dass in den Lautsprecher ein Magnet eingebaut ist.

2. Untersuchung magnetischer Kräfte

Im Unterricht untersuchen wir die magnetischen Kräfte genauer. Zuerst halten wir einen Magneten nacheinander an verschiedene Gegenstände aus der Schultasche: Radiergummi, Lineal, Physikbuch, Tischtennisball, Schlüssel, Turnschuhe, Pausenbrot usw. Im ➠ *Versuch 2* untersuchen wir Gegenstände aus weiteren unterschiedlichen Materialien, wie z. B. Holz, Glas, Kupfer, Nickel, Stein, Kobalt oder Aluminium. Dazu verwenden wir kleine Materialproben aus der Experimentiersammlung. Unsere Ergebnisse halten wir in einer Tabelle im Versuchsprotokoll fest (➠ *Versuch 1*).
Es zeigt sich, dass das Auftreten einer Anziehungskraft vom Material der Gegenstände abhängt. Gegenstände aus Kunststoff, Gummi, Holz, Wachs, Aluminium usw. reagieren nicht auf den Magneten. Metallstücke aus Eisen, Kobalt oder Nickel werden vom Magneten angezogen.

Merksatz

Magnete ziehen Gegenstände aus Eisen, Kobalt oder Nickel an.

3. Jeder Magnet hat zwei Pole

Beim Experimentieren mit einem stabförmigen Magneten (**Stabmagneten**) machen wir eine wichtige Entdeckung:
Wenn wir den Magneten in eine Schachtel mit Stahlnägeln legen und vorsichtig wieder hochheben, so bleiben die Nägel fast ausschließlich an den beiden Enden des Magneten hängen. Dort ist die magnetische Wirkung besonders stark. Diese Enden nennen wir die **Pole** des Magneten (➠ *Bild 2*).

Merksatz

Jeder Magnet hat zwei Pole.
Dort ist die magnetische Wirkung besonders stark.

B2: An den Enden des Stabmagneten – den so genannten Polen – haften fast alle Nägel; seine Mitte bleibt dagegen nahezu leer.

4. Magnete brauchen keinen Kontakt

Andrea ist erstaunt, dass eine Büroklammer zum Magneten „hoch hüpft", wenn man ihn ein Stück darüber hält. Offensichtlich wirkt der Magnet auch durch die Luft. Dies wird besonders deutlich, wenn die Büroklammer an einem Stück Garn festgebunden ist. Sie schwebt dann in der Luft und spannt den Faden (➠ *Bild 3*). Selbst wenn man die Hand dazwischen hält, bleibt der Faden gespannt. „Gibt es denn nichts, was den Magneten daran hindert, an der Büroklammer zu ziehen?", fragt sich Andrea. Sie testet nun verschiedene Stoffe als Abschirmung: ein Blatt Papier, ein Stück Karton, eine Glasscheibe, ein Stück Alufolie – aber der Faden mit der Büroklammer bleibt stets gespannt. Sobald sie jedoch ein Eisenblech zwischen Magnet und Büroklammer hält, fällt die Büroklammer herunter.

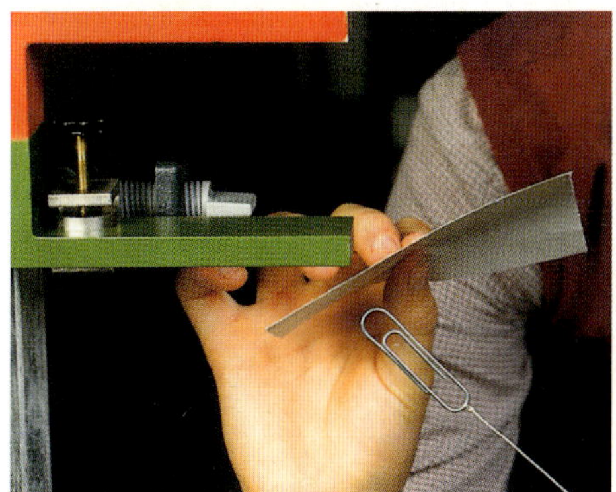

B3: Die Büroklammer wird vom Magneten angezogen, obwohl ein Papierblatt dazwischen ist.

Die magnetische Wirkung eines Magneten auf ein Eisenstück kann offensichtlich nur durch eine Abschirmung aus Eisen unterbrochen werden. Daher muss man Datenträger wie z. B. Kassetten oder Disketten von Magneten fernhalten, denn ihre Hülle aus Kunststoff schützt sie nicht vor Zerstörung durch die magnetische Wirkung.

Projekt

Magnete im Alltag

Magnete kommen in vielen Geräten in eurer Umgebung vor. Schreibt zunächst alle auf, die euch einfallen. Überlegt gemeinsam, welche Funktion die Magnete in den Geräten haben. Schneidet dann zu Hause Abbildungen aus Zeitschriften aus und gestaltet eine Kollage zum Thema „Magnete im Alltag". Natürlich könnt ihr auch selber zeichnen oder am Computer erstellte Texte und Bilder ausdrucken und aufkleben.

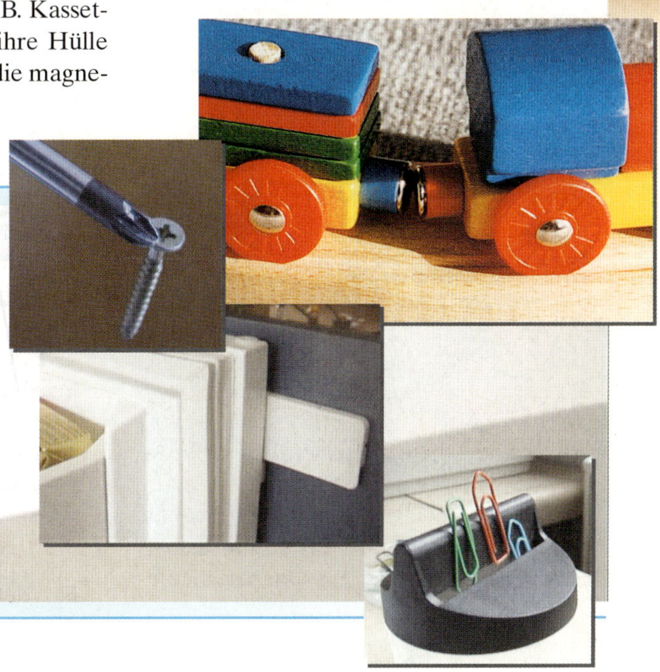

B 1: Der Zauberkreisel wird angehoben.

B 2: Leon staunt. Der Kreisel schwebt – Zauberei?

V 1: Ein Kreisel wird auf einer Kunststoffplatte in Drehung versetzt. Anschließend wird die Platte vorsichtig empor gehoben (→ *Bild 1*). Etwa 3 cm über der Grundplatte kann die Kunststoffplatte vorsichtig entfernt werden – der Kreisel dreht sich frei in der Luft (→ *Bild 2*).

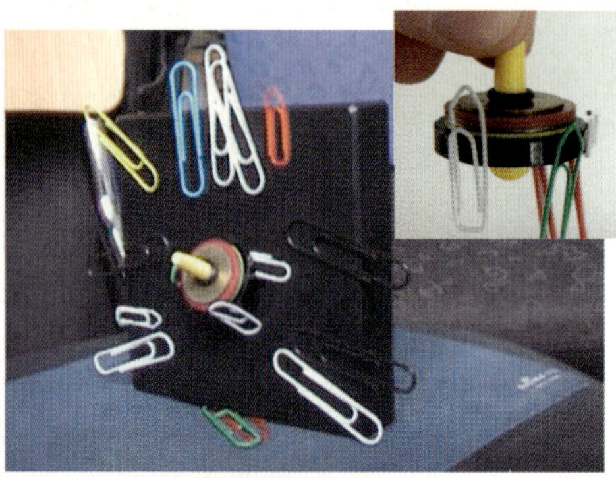

B 3: Die Büroklammern haften an der Platte und am Kreisel. Der Kreisel haftet an der Mitte der Platte.

B 4: Von den Ecken der Platte wird der Kreisel abgestoßen.

Magnete untereinander

1. Warum schwebt der Zauberkreisel?

Leon ist ganz fasziniert. Ein Kreisel schwebt frei über einer schwarzen Platte. Leons Bruder Tim tönt: „Ein Zaubertrick ist meist Physik". Er vermutet, dass der Kreisel von der schwarzen Platte nach oben gehoben wird. Sofort beginnt er mit der Erforschung des Zauberkreisels. „Ohne die schwarze Platte dreht sich der Kreisel ganz normal und schwebt nicht", stellt Tim fest. Wenn man den Kreisel der Platte nähert, spürt man, dass die Platte mit einer Kraft gegen den Kreisel drückt.

So eine Wirkung kennt Tim von einem Magneten. Mithilfe von Büroklammern untersucht Tim die schwarze Platte und den Kreisel. Die Klammern aus Eisen bleiben sowohl an der Platte als auch am Kreisel haften (→ *Bild 3*). Also folgert er: Sowohl der Kreisel, als auch die Platte sind Magnete.

Tims Experiment wird durch das Informationsblatt zum Kreisel bestätigt. In der Platte befinden sich tatsächlich mehrere Magnete: einer in der Plattenmitte und vier verteilt auf die vier Ecken der Platte. Tim hält den Magnetkreisel zunächst an die Plattenmitte. Dort wird er angezogen und bleibt sogar haften (→ *Bild 3*). Nähert er den Kreisel aber einer der vier Plattenecken, so spürt er einen starken Widerstand (→ *Bild 4*). Der Kreisel wird an diesen Stellen von der Platte abgestoßen.
Als Tim den Kreisel loslässt, dreht er sich schlagartig in der Luft und bleibt mit seiner Oberseite an der Plattenecke haften.

Der Magnet in der Plattenecke stößt also den einen Pol an der Unterseite des Kreiselmagneten ab. Den anderen Pol an der Oberseite zieht er an. Offensichtlich müssen wir unterscheiden: Mal ziehen sich zwei Magnetpole an und mal stoßen sich zwei Pole ab. Dieses Phänomen wollen wir nun systematisch untersuchen.

2. Namen für die Pole

Hängt man einen Stabmagneten drehbar auf, so dreht er sich langsam hin und her, bis er in einer Position stehen bleibt. Wiederholt man diesen Versuch mit weiteren Stabmagneten, so stellt man fest, dass sich alle Magnete auf dieselbe Richtung einstellen, sofern keine größeren Eisengegenstände oder weitere Magnete in der Nähe sind.
Der Blick auf eine korrekt ausgerichtete Landkarte verrät, dass ein Pol des Magneten nach Norden, der andere nach Süden weist (➠ *Bild 5*). Nach diesen beiden Richtungen sind die Pole des Magneten benannt. Der nach Norden weisende Pol heißt magnetischer **Nordpol**, der nach Süden weisende Pol heißt magnetischer **Südpol**. Um die verschiedenen Magnetpole stets auseinander halten zu können, werden sie farbig markiert.

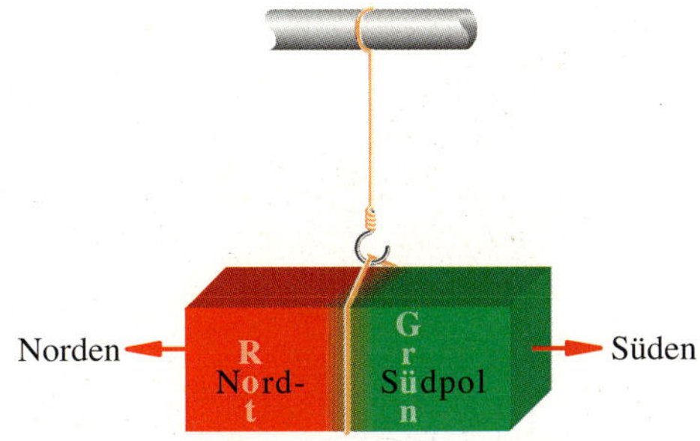

B5: Ein frei drehbarer Magnet richtet sich in Nord-Süd-Richtung aus.

Merksatz

Jeder Magnet hat einen **Nordpol** und einen **Südpol**.
Der Nordpol ist meist rot und der Südpol grün markiert.

3. Magnetpole untereinander

Nachdem wir die Namen der beiden Pole eines Magneten kennengelernt haben, sollten wir nun Anziehung und Abstoßung zwischen Magneten systematisch untersuchen. Dazu experimentieren wir mit zwei Stabmagneten (➠ *Bild 6*).

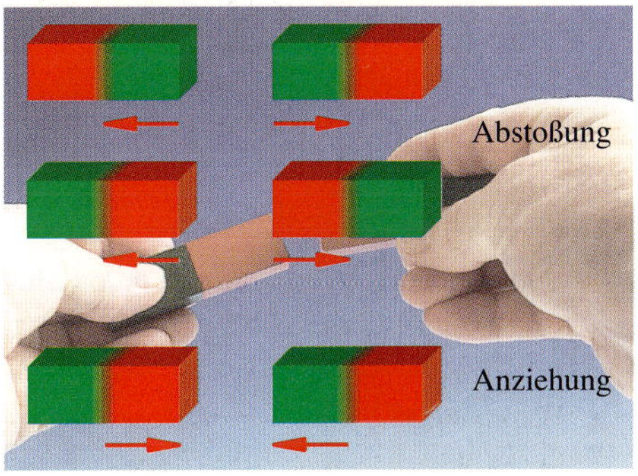

B6: Untersuchung der magnetischen Pole

Nacheinander nähern wir die beiden Magnete in verschiedenen Ausrichtungen einander an. Wenn wir die Nordpole der Magnete zusammenbringen, so spüren wir, wie sie sich gegenseitig abstoßen. Je näher wir sie aneinander halten, desto stärker stoßen sie sich ab. Dasselbe geschieht beim Annähern der beiden Südpole. Hält man aber Nordpol an Südpol, so spürt man zunächst die Anziehungskräfte zwischen den beiden Magneten. Geben wir den Kräften nach, so bleiben die Magnete aneinander haften.

Merksatz

Gleichnamige Pole stoßen einander ab,
ungleichnamige Pole ziehen einander an.

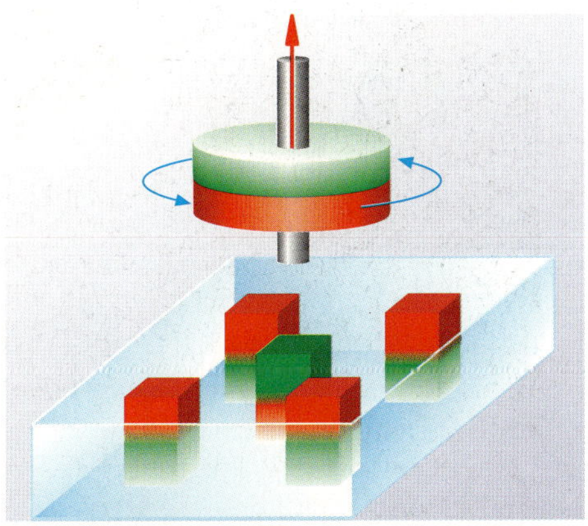

B7: Die Magnete in der Platte lassen den Kreisel schweben.

4. Der Zaubertrick – ist nur Physik!

„Das ist des Rätsels Lösung!" jubelt Tim. „Die Magnete in der Platte lassen den Kreisel schweben. Jetzt ist mir auch klar, warum diese Platte so schwer ist." Die Schemazeichnung in ➠ *Bild 7* zeigt, wo sich in der Platte unter dem Kreisel Magnete befinden. An den vier Ecken sind sie so ausgerichtet, dass ihre Nordpole den Nordpol an der Unterseite des Kreisels abstoßen. So wird der Kreisel zum Schweben gebracht. Der Südpol in der Mitte der Platte zieht den Nordpol des Magnetkreisels an und sorgt so dafür, dass der Kreisel nicht zur Seite „flüchtet".

Mach's selbst

A1: a) Ermittle den Nordpol eines unmarkierten Magneten durch einen Versuch. **b)** Bestimme die Pole anderer Magnete mithilfe des ersten Magneten.

A2: Spielfiguren aus Eisen kann man auf einer Tischplatte umherschieben, wenn man einen Magneten unter der Platte herführt. Erkläre diesen Trick! Aus welchem Material darf der Tisch nicht sein?

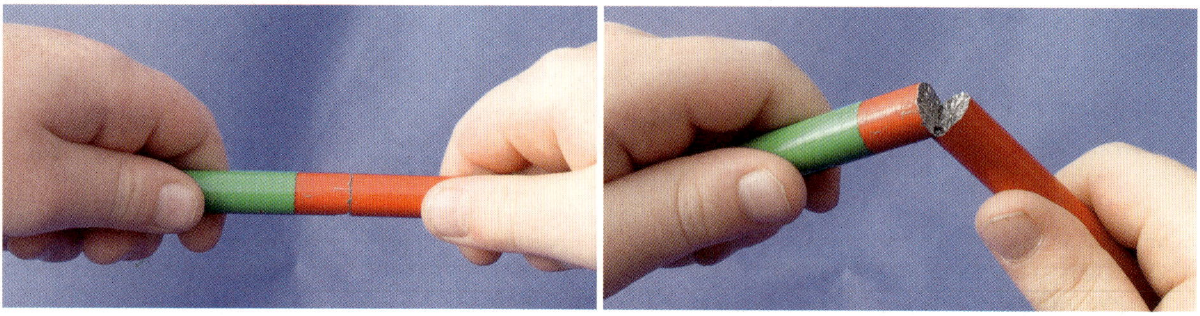

B1: Ein Stabmagnet wird gebrochen.

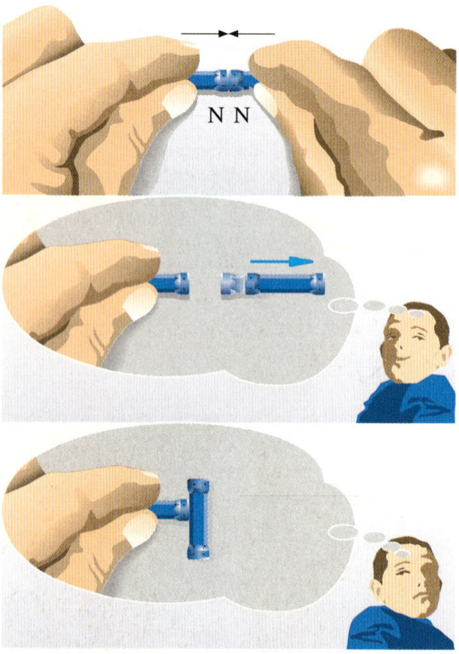

B2: Ein Spiel mit Tücken: Magnet-Weitschuss mit Geomag-Magneten.

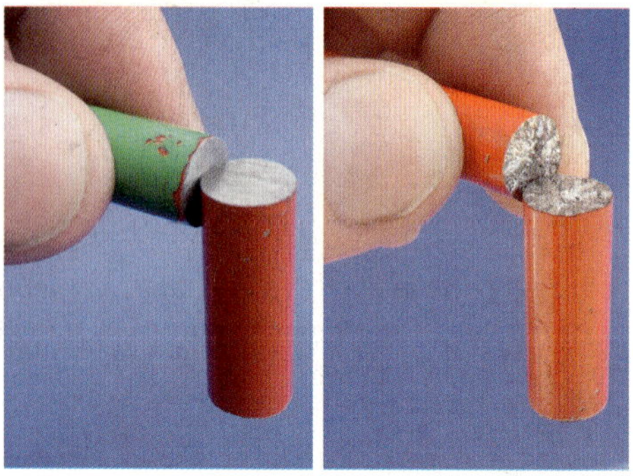

V1: Das Bruchstück haftet mit seiner Bruchseite am Nordpol des Magneten. Mit seiner glatten Seite haftet es am Südpol des Magneten.

Elementarmagnete – ein hilfreiches Modell

1. Kann man reine Nordpole erzeugen?

Björn und Kai spielen mit einem Magnetbaukasten, der viele kurze starke Magnete enthält. Sie haben sich eine Art Magnet-Weitschuss ausgedacht: Man nimmt zwei Magnete. Einer wird mit seinem Nordpol an den Nordpol eines anderen gepresst. Dann wird einer losgelassen und fliegt davon. Meist gelingt dies wie in ➡ *Bild 2* dargestellt. Doch Kai ist noch nicht ganz zufrieden: „Der eine Magnet lässt sich nicht optimal wegschießen. Manchmal dreht er sich im Flug, weil sein Südpol vom anderen Magneten angezogen wird." Kai hat eine Idee: „Der Südpol muss weg! Wir brauchen einen einzelnen Nordpol als Geschoss."
In der nächsten Physikstunde stellen Kai und Björn ihren Wunsch dem Lehrer vor: „Ein Stabmagnet hat eine grüne und eine rote Hälfte. Wenn wir die rote Hälfte von der grünen abtrennen, erhalten wir einen reinen Nordpol.", vermutet Kai und hält seine mitgebrachte Eisensäge hoch. Der Lehrer lobt die jungen Forscher für ihren Tatendrang, schlägt ihnen aber eine kleine Änderung des Experiments vor: „Beim Experimentieren ist kürzlich ein Magnet zu Boden gefallen und zerbrochen", erläutert er. „Diese Bruchstücke können wir untersuchen, um eure Frage zu klären."

Björn führt den Versuch vor der Klasse durch. Der zerbrochene Magnet sieht zunächst fast unversehrt aus, denn die Bruchstücke haften aneinander. Mit ein wenig Kraft kann er aber ein Bruchstück an der Bruchstelle wieder abknicken und vom Rest des Magneten trennen (➡ *Bild 1*). Er nähert nun das Bruchstück dem Südpol des Magneten. Die glatte Seite des Bruchstücks wird wie erwartet angezogen (➡ *Versuch 1*). Überraschenderweise wird das andere Ende vom Nordpol angezogen. Das Bruchstück ist also wieder ein vollständiger Magnet mit Nord- und Südpol! Auch erneutes Teilen der Bruchstücke liefert immer nur vollständige Magnete, niemals einen magnetischen Einzelpol.

Merksatz

Es gibt keine magnetischen Einzelpole. Jedes Stück eines Magneten besteht aus einem magnetischen Nord- und Südpol.

2. Das Modell der Elementarmagnete

In *Versuch 1* haben wir beobachtet, dass Magnetstücke immer zwei Pole besitzen. Man nennt sie daher auch **Dipole** (denn *di* heißt griechisch „zweifach"). Diese Gesetzmäßigkeit wollen wir nun mithilfe eines Modells versuchen zu verstehen:

Wir stellen uns vor, wir zerbrechen einen Magneten in immer kleinere Stücke. Jedes dieser Bruchstücke wäre wieder, wie in *Bild 3* gezeigt, ein neuer Magnet mit Nord- und Südpol. Irgendwann hätten wir den Magneten so oft zerteilt, dass er in seine kleinsten Bestandteile zerlegt wäre. Diese kannst du dir wie winzige, unteilbare Magnetnadeln vorstellen. Weil wir annehmen, dass alle Magnete aus solch kleinen Magnetnadeln bestehen, nennen wir sie **Elementarmagnete**. Mit diesem Modell wollen wir versuchen, die vielen rätselhaften Eigenschaften der Magnete zu erklären (*Bild 4*).

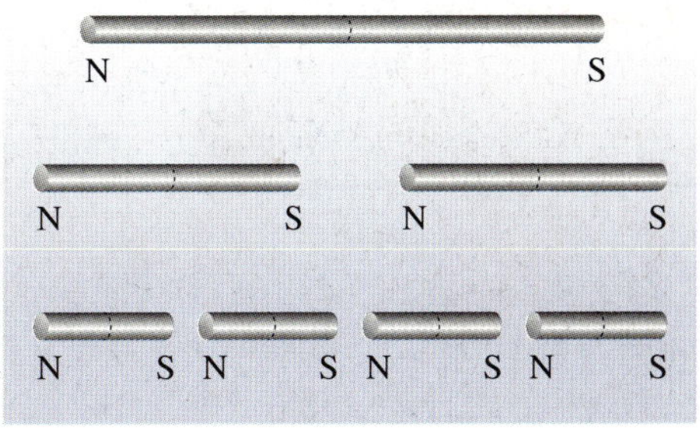

B3: Wir zerbrechen den Magneten in immer kleinere Stücke. An den neu entstandenen Enden bilden sich immer wieder zwei unterschiedliche Pole aus.

Merksatz

Wir stellen uns die kleinsten Bestandteile eines Magneten als **Elementarmagnete** mit einem magnetischen Nordpol und einem magnetischen Südpol vor.

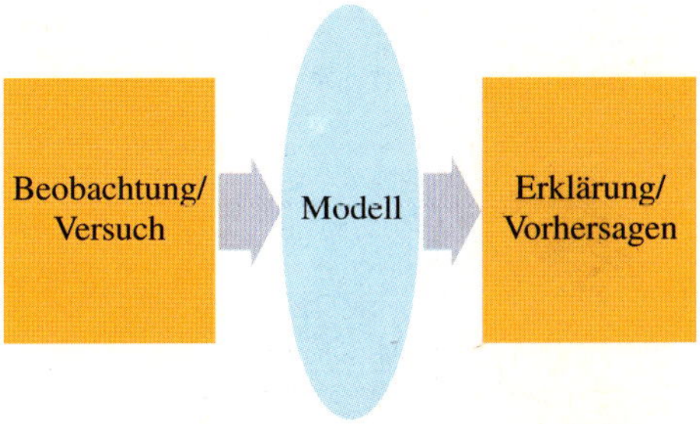

B4: Modellbildung – eine wichtige Methode der Physik

3. Ordnung im Stabmagnet

Wir nutzen nun unser Modell, um zu erklären, warum alle Magnete zwei verschiedene Pole besitzen. Dazu nehmen wir an, dass die Elementarmagnete eines Stabmagneten eine feste Ordnung haben: Wir stellen uns vor, dass sie, wie in *Bild 5* dargestellt, alle parallel zueinander liegen und in dieselbe Richtung weisen.

Am oberen Ende des Stabmagneten zeigen die magnetischen Nordpole der Elementarmagnete nach außen. Sie bilden gemeinsam den magnetischen Nordpol des Magneten. Am unteren Ende des Stabmagneten zeigen die magnetischen Südpole der Elementarmagnete nach außen und bilden entsprechend seinen magnetischen Südpol (*Bild 5*). Die Pole der Elementarmagnete sind also für die starke magnetische Wirkung an den Polen des Stabmagneten verantwortlich.

An den Seitenflächen des Magneten ist diese Wirkung kaum zu spüren, da dort genauso viele magnetische Nordpole wie magnetische Südpole der Elementarmagnete liegen, die sich gegenseitig neutralisieren. Wie in *Bild 5* zu erkennen, kann man den Stabmagneten an einer beliebigen Stelle zerteilen. Jedes Bruchstück ist immer wieder ein vollständiger Dipol.

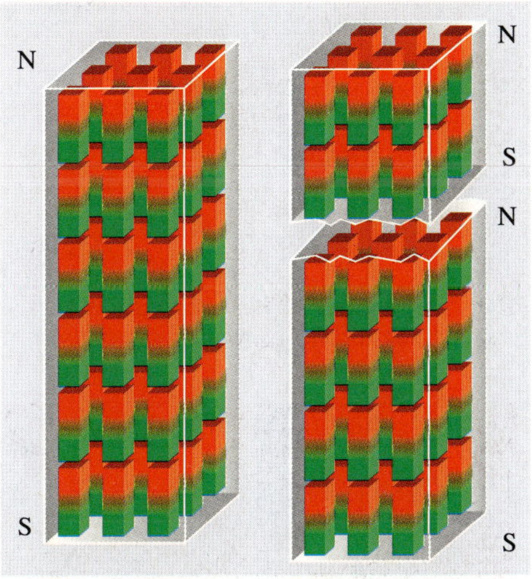

B5: Die parallele Anordnung der Elementarmagnete erklärt das Zustandekommen der Pole des Stabmagneten – auch nach dem Durchbrechen.

Merksatz

Im Stabmagneten liegen die Elementarmagnete parallel zueinander. Sie haben alle dieselbe Ausrichtung. Dadurch bilden sie an den Enden des Magneten seine magnetischen Pole.

Mach's selbst

A1: Zeichne die Ordnung der Elementarmagnete in einem Hufeisenmagneten und in einem Scheibenmagneten ein.

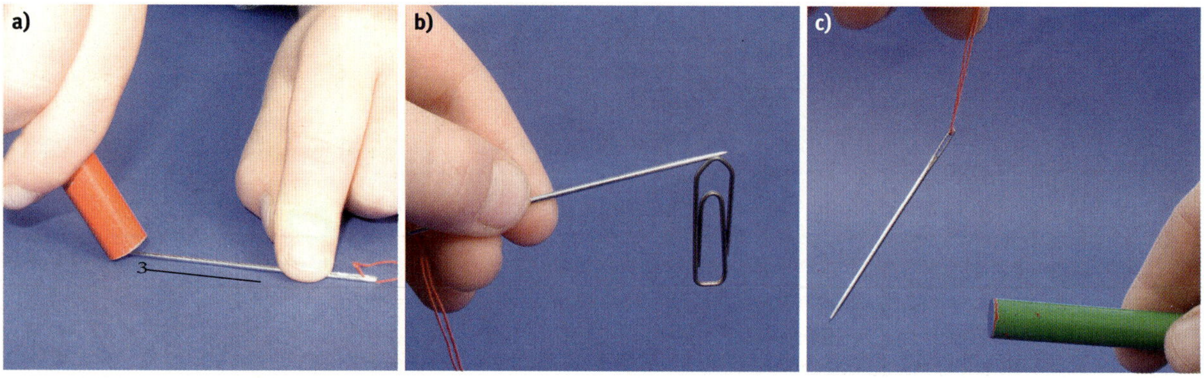

V1: a) Eine Stahlnadel wird mehrfach in derselben Richtung mit dem Nordpol eines Magneten überstrichen. **b)** Nun haftet eine Büroklammer an einem Ende der Nadel. **c)** Nähert man dem unteren Ende der aufgehängten Stahlnadel den Südpol des Magneten, so wird es abgestoßen. Die Nadel ist nun selbst ein Magnet.

B1: In der Stahlnadel sind die Elementarmagnete ungeordnet. Sie zeigen in alle möglichen Richtungen.

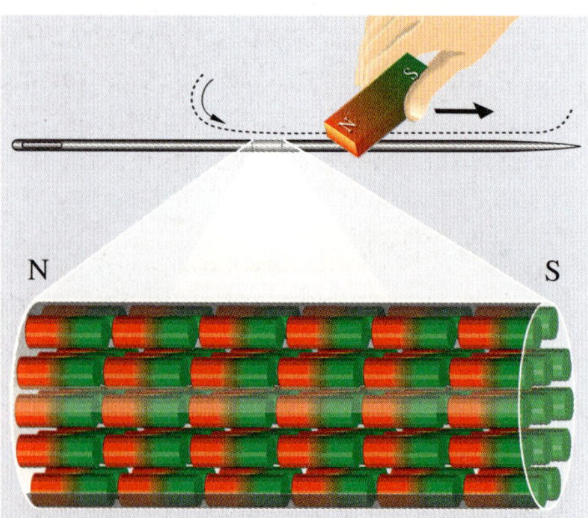

B2: Durch das Überstreichen mit dem Stabmagneten drehen sich die zuvor ungeordneten Elementarmagnete in der Stahlnadel. Ihre Südpole weisen nun zum Nordpol des Stabmagneten. Auf diese Weise entsteht eine Magnetnadel mit Nord- und Südpol.

Magnetisieren und Entmagnetisieren

1. Elementarmagnete auch in Eisen und Stahl

Magnete kann man leicht selber herstellen. Führe dazu ➡ *Versuch 1* durch. Durch das Überstreichen der Stahlnadel wird sie selber zu einem Magneten, der Eisengegenstände wie z. B. die Büroklammer anzieht. Man sagt, die Stahlnadel wurde **magnetisiert**. Lena folgert: „Wenn aus der Stahlnadel nun ein Magnet geworden ist, dann muss sie Elementarmagnete enthalten. Da diese nicht einfach aus dem Nichts entstehen können, waren sie auch schon vorher im nicht magnetischen Stahl vorhanden.“

Lena hat Recht. Aus unserem Modell der Elementarmagnete schließen wir, dass die magnetische Wirkung eines Magneten erst durch die Ordnung der Elementarmagnete entsteht. Die Lösung ist für Lena klar: „Auch die Stahlnadel besitzt Elementarmagnete. Sie sind aber völlig durcheinander gewürfelt und daher von außen nicht zu bemerken.“

Tatsächlich lässt sich die **Magnetisierung** der Stahlnadel mit dem Elementarmagnetmodell leicht erklären, wenn wir unser Modell um eine Feinheit erweitern:
Wir stellen uns vor, dass sich die Elementarmagnete drehen können. Wie ➡ *Bild 1* vereinfacht zeigt, sind sie im Stahl zunächst völlig ungeordnet. Ihre magnetische Wirkung ist daher nicht zu spüren. Durch den Einfluss des Stabmagneten drehen sie sich, bis sie alle gleich ausgerichtet sind (➡ *Bild 2*). An dem einen Ende der Stahlnadel entsteht so ein magnetischer Nordpol und am anderen Ende ein magnetischer Südpol.

Merksatz

Stahl lässt sich durch den Einfluss eines Magneten magnetisieren. Dabei werden die Elementarmagnete in einer festen Ordnung ausgerichtet.

2. Warum wird Eisen vom Magneten angezogen?

Dass Gegenstände aus Eisen von Magneten angezogen werden, weiß Lena schon lange. Mit dem Modell der Elementarmagnete kann sie nun erklären warum. Sie weiß, dass Eisen aus ungeordneten Elementarmagneten besteht, die sich durch den Einfluss eines Magneten drehen können. Wie in ➠ *Bild 3* dargestellt, drehen sich Elementarmagnete in dem Eisennagel schon, wenn der Magnet nur in die Nähe des Eisennagels kommt. So wird der Eisennagel selbst zu einem Magneten. „Erst dann", folgert Lena, „ziehen sich der magnetisierte Eisennagel und der Stabmagnet an und haften aneinander wie zwei Magnete."

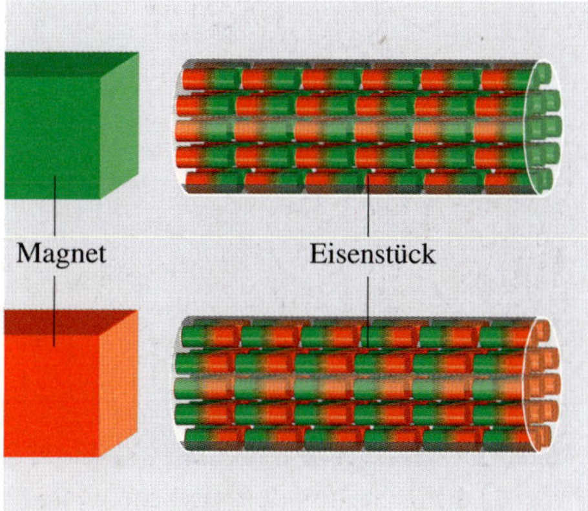

B3: Durch die Nähe eines ausreichend starken Magnetpols drehen sich die Elementarmagnete im Eisen und bilden so magnetische Pole.

3. Dauerhafte und vorübergehende Magnetisierung

Nicht alle Materialien lassen sich gleich einfach magnetisieren (➠ *Bild 4*). Die Nähe eines Magneten reicht aus, um ein Eisenstück so zu magnetisieren, dass man die magnetische Wirkung zwischen Eisenstück und Magnet spüren kann, wenn man sie nah zusammenbringt. Im Modell stellen wir uns vor, dass sich dann einige Elementarmagnete drehen, sodass eine magnetische Ordnung entsteht. Entfernt man den Magneten wieder, so drehen sich die Elementarmagnete in ihre vorherige Unordnung zurück. Das bedeutet, dass die Magnetisierung wieder verschwindet. Um jedoch eine Stahlnadel zu magnetisieren, muss man sie mehrfach mit demselben Magnetpol in einer Richtung überstreichen, ehe sie magnetisiert ist (➠ *Versuch 1*). Auch das kann man mit dem Modell der Elementarmagnete erklären. Im Stahl und bestimmten Legierungen stellen wir uns die Elementarmagnete schwerer drehbar vor. Daher sind stärkere Magnete bzw. ist häufigeres Überstreichen erforderlich, um sie in die gewünschte Ordnung zu bringen. Dieser Aufwand hat dann aber auch einen Vorteil: Die Elementarmagnete drehen sich nicht so leicht wieder zurück, d.h. die Magnetisierung hält länger an. Aus solchen Materialien werden daher Dauermagnete hergestellt, die ihre Magnetisierung ohne äußere Einwirkung gar nicht wieder verlieren.

„Eine Möglichkeit, diese dauerhafte Magnetisierung doch zu zerstören, gibt es aber.", weiß Lena von ihrem Physiklehrer. „Durch starke Erschütterung können auch Dauermagnete kaputtgehen und ihre Magnetisierung verlieren." In der Modellvorstellung fällt es ihr nun leicht, diesen Sachverhalt zu verstehen: In Dauermagneten sind die parallel ausgerichteten Elementarmagnete zwar sehr schwer drehbar, aber wenn die Erschütterung stark genug ist, verdrehen sie sich doch. Dadurch wird die Magnetisierung schwächer und geht bei Wiederholung des Vorgangs schließlich verloren. Dies kann außer durch Erschütterung auch durch Erhitzen des Magneten geschehen.

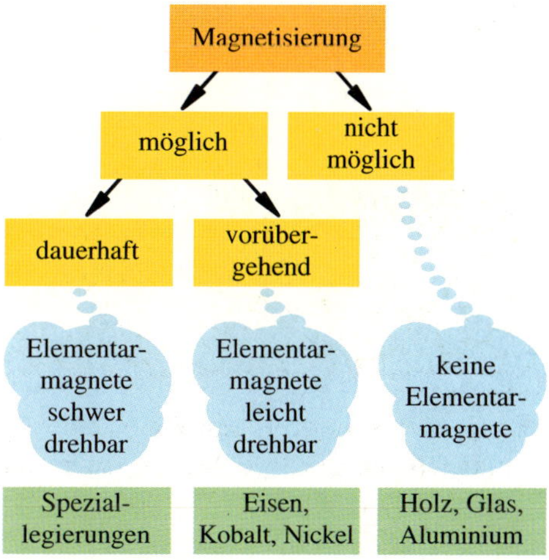

B4: Verschiedene Stoffe sind unterschiedlich magnetisierbar. Das liegt in unserer Vorstellung an der unterschiedlichen Beweglichkeit der Elementarmagnete.

Merksatz

Beim **Entmagnetisieren** wird die magnetische Ordnung der Elementarmagnete wieder zerstört.

Mach's selbst

A1: An einer magnetisierten Stahlnadel hängt unten eine Büroklammer. Berührt man nun die Nadel oben mit dem Südpol des Magneten, fällt die Büroklammer zu Boden. Erkläre.

A2: Halte eine Stahlnadel mit der Zange fest, magnetisiere sie mit einem starken Magneten und hänge eine Stecknadel oder Büroklammer an ihre Spitze. Erhitze nun die Stahlnadel mit einem Feuerzeug. Beschreibe deine Beobachtung und erkläre sie mit dem Modell der Elementarmagnete.

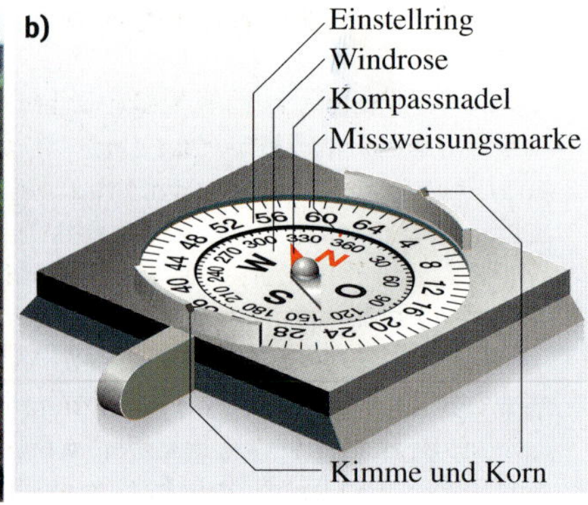

B 1: a) Was zieht da an der Kompassnadel? **b)** Aufbau eines Kompasses.

B 2: Modell – die Erde als Stabmagnet

V 1: Lege einen Stabmagneten auf ein Blatt Papier, zeichne seine Form nach und beschrifte die Magnetpole. Stelle einen Kompass irgendwo auf das Blatt und markiere die Nadelposition. Verschiebe den Kompass immer wieder in Richtung der Pfeilspitze und markiere erneut die Nadelposition bis du beim Südpol des Magneten angekommen bist. Verbinde die Markierungen zu einer Linie.

Die Erde – ein Magnet

Wanderer verwenden manchmal eine Landkarte und einen Kompass zur Orientierung. Die Kompassnadel ist eine drehbar aufgehängte Magnetnadel. Meistens ist ihr magnetischer Nordpol besonders markiert. Wir haben bereits gesehen, dass er immer nach Norden zeigt, egal wie wir den Kompass auch drehen. Dafür kennen wir nur eine Ursache: Der Nordpol wird immer vom Südpol eines anderen Magneten angezogen. Also muss sich im Norden der Erde ein magnetischer Südpol befinden. Man kann es sich so wie in ➠ *Bild 2* vorstellen: Der Erdmagnet gleicht einem Stabmagneten mit seinem magnetischen Südpol im Norden und seinem magnetischen Nordpol im Süden. Dieser gigantische Magnet kann Kompassnadeln überall auf der ganzen Welt in Nord-Süd-Richtung ausrichten. Das wollen wir genauer untersuchen.

1. Die Feldlinien eines Stabmagneten

Da es kaum möglich ist, überall um die Erde herum Kompassnadeln aufzustellen, müssen wir uns erneut mit einem Modell behelfen. In Gedanken verkleinern wir den Erdmagneten auf die Größe eines Stabmagneten. So können wir seine Wirkung auf Kompassnadeln in seinem Umfeld einfacher untersuchen.
Wenn man den kleinen Kompass in ➠ *Versuch 1* vom magnetischen Nordpol zum magnetischen Südpol immer in Richtung der Nadelspitze verschiebt und dabei die Spur der Nadel markiert, erhält man bestimmte Linien. Diese Linien nennen wir in der Physik **Feldlinien**. Sie verbinden die beiden magnetischen Pole eines Magneten miteinander. An jeder Stelle gibt eine Feldlinie die Richtung an, in die sich eine Kompassnadel an diesem Ort ausrichtet. Mit einer Pfeilspitze auf der Linie kennzeichnet man den Verlauf der Linie vom magnetischen Nord- zum Südpol.

Merksatz

Magnetische Feldlinien verlaufen vom magnetischen Nordpol zum magnetischen Südpol. Sie zeigen an jeder Stelle die Richtung, in welche die Magnetnadel weist.

2. Die Feldlinien des Erdmagneten

Um die Feldlinien eines Stabmagneten sichtbar zu machen, verwendet man statt Kompassnadeln oft auch Eisenfeilspäne, die auf einer Plastikplatte ausgestreut werden. Sie werden vom Stabmagneten darunter magnetisiert. Wenn man sie durch leichte Erschütterung der Platte kurzzeitig in die Luft wirbelt, können sie sich leicht drehen. Jetzt richten sie sich genauso aus wie Kompassnadeln. Der Vorteil bei dieser Methode ist, dass der Verlauf der Feldlinien auf einen Blick im ganzen Umfeld des Magneten erkennbar ist. In ➠ *Versuch 2* wurde der Stabmagnet, der die Eisenspäne ausgerichtet hat, mit einem kleinen Ball bedeckt. Wenn wir uns diesen Ball als Erde vorstellen, erhalten wir ein modellhaftes Feldlinienbild unserer Erde.

Lena erkennt, dass die Feldlinien vom Südpol der Erde aus weit in den Weltraum hinauslaufen und dann schließlich am Nordpol wieder ankommen. Allerdings fällt ihr auch eine Unstimmigkeit auf: „Dort, wo sich in diesem Modell Deutschland befinden müsste, kommen die Feldlinien schräg vom Himmel aus und laufen in die Erde hinein. Eine Kompassnadel sollte deshalb eigentlich schräg in den Boden zeigen."
Ihre Überlegung ist richtig. Unsere Kompassnadeln weisen deshalb nicht nach unten, weil die Bauweise des Kompasses dies verhindert. In herkömmlichen Kompassen kann sich die Nadel nur um eine vertikale (aufrecht stehende) Achse drehen. Im ➠ *Versuch 3* sieht man eine *Inklinationsnadel.* Sie kann sich um eine horizontale (liegende) Achse drehen. Mit ihrer Hilfe erkennt man, dass die Feldlinien hier in Deutschland tatsächlich in nördlicher Richtung schräg in die Erde hineinlaufen.

3. Auf der Suche nach dem magnetischen Südpol

Sicher hast du schon einmal die Erde am Globus betrachtet. Wenn du dabei den Nordpol und den Südpol suchst, erkennst du, dass sie die Punkte sind, an dem der Globus drehbar gelagert ist. Zwischen ihnen verläuft die Achse, um die sich der Globus dreht, und hier laufen alle Längengrade zusammen. Man nennt diese Orte **geografischen** Nordpol bzw. geografischen Südpol. So lassen sie sich leicht von den magnetischen Polen der Erde unterscheiden.

Wenn du dir das Gebiet um den geografischen Nordpol etwas genauer ansiehst, z. B. in einem Atlas, dann entdeckst du etwas Merkwürdiges: Der magnetische Südpol liegt gar nicht genau am geografischen Nordpol, sondern 1500 km von ihm entfernt auf den Parry-Inseln (➠ *Bild 4*). Folglich zeigt eine Kompassnadel auch nicht exakt nach Norden sondern knapp daneben. Diese Abweichung wird **Missweisung** genannt. Sie musste früher bei sehr genauen Kursberechnungen berücksichtigt werden.

Heute verwendet man in allen Regionen der Welt Satelliten zur Orientierung (GPS – Global-Positioning-System). Der Kompass hat an Bedeutung verloren, er dient nur noch für Notfälle.

V2: In diesem Modell richtet ein Stabmagnet unter der Kreisscheibe Eisenspäne aus und zeigt so den Verlauf der Feldlinien an.

V3: Eine Inklinationsnadel zeigt den Verlauf der Feldlinien an. In Deutschland verlaufen sie steil in den Erdboden hinein.

B4: Der Nordpol der Kompassnadel zeigt nicht genau zum geografischen Nordpol, sondern zum etwas abseits liegenden magnetischen Südpol.

Interessantes

Karte, Kompass, GPS

A. Der Kompass als Sportgerät

Kennst du die auf den Piktogrammen (links im Bild) abgebildeten Sportarten? Beim *Orientierungslauf* müssen Sportlerinnen und Sportler zwischen Start und Ziel Kontrollstellen anlaufen, die auf einer speziellen *Karte* eingezeichnet sind.

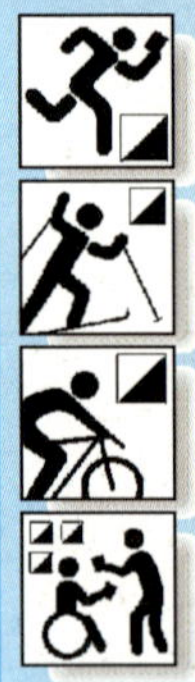

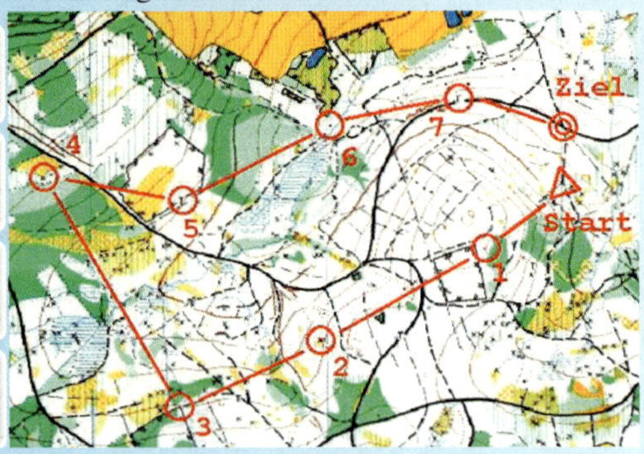

Der *Kompass* ist beim Orientierungslauf ein ständiger Begleiter der Sportlerinnen und Sportler. Mit ihm bestimmt man die Richtung zum nächsten Kontrollposten und mit ihm kontrolliert man unterwegs, ob man nicht von der Route abgekommen ist. Man will ja in der kürzesten Zeit und ohne unnötige Umwege zum Ziel kommen.

Den richtigen Umgang mit Karte und Kompass müssen auch andere *Outdoor-Sportler* und *Pfadfinder*, aber auch Wanderer und Abenteuer-Touristen lernen, damit sie ans Ziel kommen, wenn Wegweiser und Straßenschilder für die Orientierung fehlen.

Darauf kommt es an:

Die Karte einnorden

Eine Landkarte ist ein verkleinertes und vereinfachtes Bild der Erdoberfläche. Wenn sie uns bei der Orientierung helfen soll, dann müssen wir Orte und Richtungen auf der Karte mit der Landschaft vergleichen. Dazu ist es zweckmäßig, die Karte so zu halten, dass Norden auf der Karte und Norden in der Wirklichkeit die gleiche Richtung haben. Der Kompass mit drehbarer Teilscheibe hilft uns dabei:

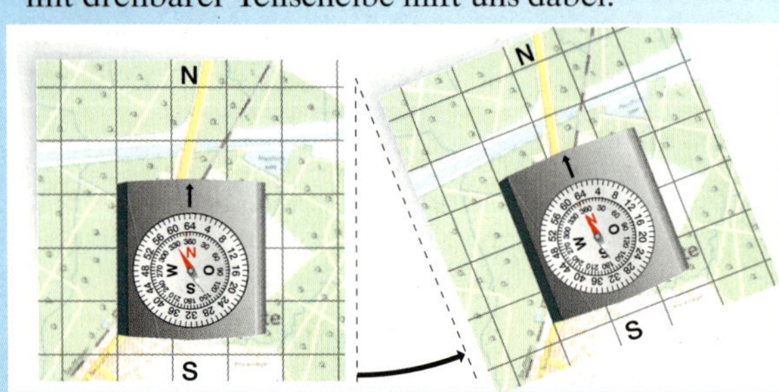

- Teilscheibe drehen, bis die Nordmarkierung (N) mit der Ablesemarke (↑) übereinstimmt.
- Kompass mit der Anlegekante an eine Gitterlinie in Nord-Süd-Richtung anlegen. Die Ablesemarke muss zum oberen Kartenrand zeigen.
- Karte samt Kompass solange drehen, bis die Magnetnadel auf N zeigt.

Jetzt ist die Karte eingenordet.

Die Richtung zum Ziel finden

Die Teilscheibe des Kompasses ist wie ein Winkelmesser in Grad eingeteilt, rundherum sind es 360°. Jede Richtung kann mit einer Gradzahl bezeichnet und auf der Karte mit einem Winkelmesser gemessen werden, von der Nordrichtung aus im Uhrzeigersinn.
In der Landschaft kann man mit dem Winkelmesser nicht viel anfangen, auch hier hilft der Kompass:

- Den Kompass so halten, dass die Ablesemarke zum Ziel zeigt (das Ziel *anpeilen*).
- Die Teilscheibe drehen, bis die Nordmarke (N) mit der Kompassnadel übereinstimmt.
- An der Ablesemarke den Winkel ablesen.

Die Richtung zum Ziel kontrollieren

Vielleicht führt der Weg durch einen Wald. Man kann das Ziel eine Weile nicht sehen. Wie prüft man, ob man nicht von der Richtung abgekommen ist?

Wenn man die Teilscheibe nicht verdreht hat, muss man nur den Kompass so ausrichten, dass Kompassnadel und Nordmarke übereinstimmen. Die Ablesemarke des Kompasses zeigt die Richtung zum (unsichtbaren) Ziel.

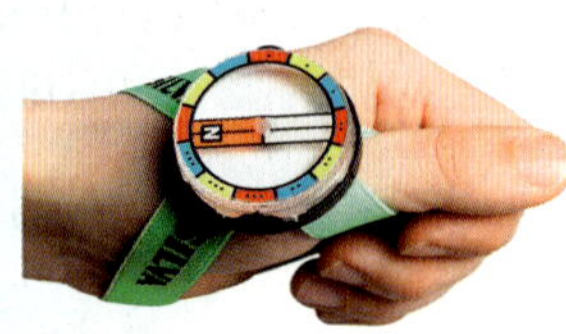

Orientierungsläufer benutzen den abgebildeten *Daumenkompass*. Der Daumen dient als Ablesemarke, die Winkelbereiche von 0° bis 360° sind in 30°-Schritten durch Farben und Punkte unterschieden. So kann man auch in vollem Lauf die Richtung zum nächsten Kontrollposten kontrollieren.

Interessantes

B. GPS – Satelliten sagen dir, wo du bist

Vielleicht hast du schon einmal eine Straße auf einem Stadtplan gesucht. „E7“ stand im Straßenverzeichnis und hat ein ganzes Planquadrat bezeichnet. Mit den Gitterlinien auf Landkarten kann man Orte genauer bezeichnen. Wie in einem Koordinatensystem gibt man Rechtswert und Hochwert an. Wo aber bekommt man die Koordinaten her, wenn man nicht weiß, wo man sich befindet?

Stell dir vor, du irrst in einer Stadt umher und hast drei Freunde, die dir je eine SMS schicken können: „Ich bin am Ort X und Y km von dir entfernt“. Ob deine Mathematikkenntnisse wohl ausreichen, um daraus die Koordinaten deines Standorts zu berechnen? Mit dem Zirkel und deinen Geometriekenntnissen schaffst du es wahrscheinlich.

Bei GPS (***G****lobal* ***P****ositioning* ***S****ystem*), dem erdumspannenden System zur Positionsbestimmung, sind es mehrere Satelliten, die ständig Signale über ihren Standort zusammen mit sehr genauer Zeitangabe aussenden. Das GPS-Gerät berechnet mit Physik und viel Mathematik die Koordinaten des Standorts, zeigt sie an und kann sie auch in eine elektronische Landkarte eintragen.

Beim *tracking* wird auf dieser Landkarte die Spur einer Bewegung eingetragen. Daraus lassen sich Bewegungsrichtung und Geschwindigkeit berechnen. Das macht alles blitzschnell der Computer im GPS-Gerät. Für Outdoor-Sportler und -Sportlerinnen gibt es solche Geräte auch mit einer Kompass-Anzeige.

C. Suche nach dem Magnetpol der Erde

Vielleicht hast du schon von den norwegischen Entdeckern FRIDTJOF NANSEN und ROALD AMUNDSEN gehört. Sie gehörten zu den Ersten, die Forschungsreisen in die Arktis und Antarktis durchführten. Sie ließen sich Schiffe bauen, die bei solchen Fahrten mit Überwinterung im Eis nicht vom Packeis zermalmt wurden. Diese Schiffe hatten einen Kompass, wie man ihn auch heute noch auf historischen Segelschiffen sehen kann.

Die Seefahrer wussten damals schon, dass die Kompassnadel nicht genau nach Norden zeigt. Sie kannten für bekannte Fahrtgebiete die Größe der **Missweisung**, den Winkel zwischen magnetisch Nord und geografisch Nord. Man wusste um 1900 aber noch nicht, wo im eisigen Norden der magnetische Südpol der Erde liegt. Die Polargebiete waren noch unerforschte Regionen der Erde.

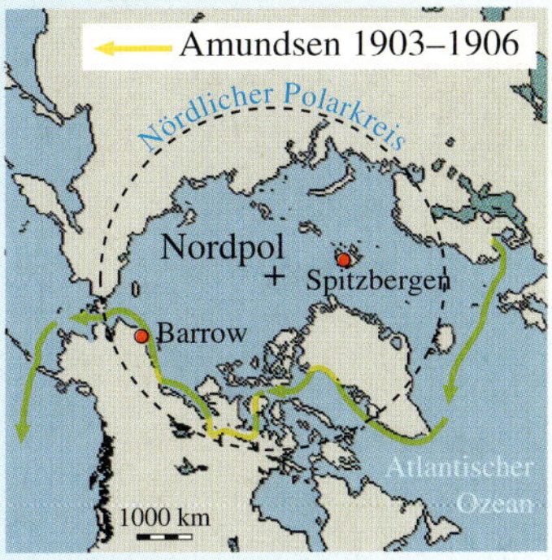

Von 1903 bis 1906 reiste ROALD AMUNDSEN ins Polarmeer, um als Erster die Nordwest-Passage vom Atlantik zum Pazifik zu befahren. Sein erstes Ziel war dabei die Lokalisierung des magnetischen Südpols. Um die dafür nötigen Messungen zu machen, hatte er sich in Deutschland speziell ausbilden lassen. Sein Schiff GJÖA war eine kleine Jacht, die er mit einem Eisgürtel und einem ca. 10 kW starken Motor ausgerüstet hatte.

Über den Magnetismus selbst wusste man zu AMUNDSENS Zeiten schon mehr als über den Erdmagnetismus. Wenn sich auf einem Schiff viel Eisen befindet (der Motor auf AMUNDSENS Holzschiff), dann wird die Magnetnadel abgelenkt, sie zeigt nicht mehr die Richtung der magnetischen Feldlinien an. Der Seemann spricht von *Ablenkung*. Diese Ablenkung der Kompassnadel verschwindet, wenn man zusätzliche Eisenmengen in der Nähe des Kompasses so anbringt, dass sie die Wirkung des Motors oder anderen Eisens auf dem Schiff kompensieren. Die braunen Eisenkugeln rechts und links am Kompass im Bild haben genau diese Aufgabe.

Heute haben Schiffe GPS und elektronische Seekarten, aber immer noch einen Magnetkompass – aus Sicherheitsgründen. Bei ihnen besteht auch der Rumpf aus Eisen, die Kompensation der magnetischen Ablenkung ist noch wichtiger als bei den Holzrümpfen der Segelschiffzeit.

Auf dem Schrottplatz arbeiten die Kräne mit Hebemagneten. Da dort hauptsächlich Gegenstände aus Eisen transportiert werden sollen, bietet sich ein starker Magnet zum Heben der Eisenteile an.
Außerdem werden auf diese Weise die Eisenteile von Aluminium- oder Messingstücken getrennt, da diese vom Magneten nicht angezogen werden.
Beim Abladen müssen die Eisenteile jedoch wieder vom Magneten gelöst werden. Zu diesem Zweck wird der Magnet wieder abgeschaltet.

B 1: Ein starker Hebemagnet auf dem Schrottplatz

V 1: Eine Strom führende Spule mit Eisenkern zieht eine große Menge Nägel an.

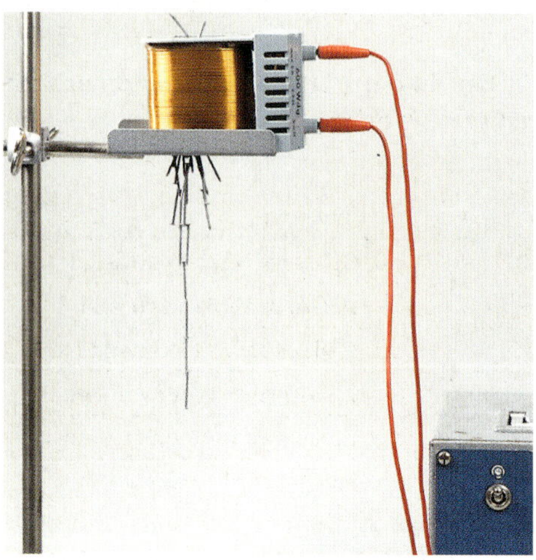

V 2: Auch ohne Eisenkern bleiben einige Nägel an der Spule hängen.

Elektromagnete – Magnete zum Abschalten

1. Magnetismus ohne Elementarmagnete

„In einem Schrottkran kann sich kein normaler Dauermagnet befinden", stellt Jana fest, „denn dann ließen sich die am Magneten haftenden Eisenteile wohl kaum wieder lösen. Hier wird ein **Elektromagnet** verwendet. Ihn kann man nämlich abschalten, und schon fallen die Schrottteile wieder zu Boden."

Wenn man einen Elektromagneten aus einem der vielen elektrischen Geräte ausbaut, fällt auf, dass er nur aus einer Spule mit einem Eisenkern besteht. Eine Spule ist ein dünner isolierter Kupferdraht, der in vielen Windungen um eine Kunststoffröhre gewickelt ist und an eine Stromquelle angeschlossen wird. Eisenkern heißt das Eisenstück im Inneren der Spule, an dem beim Schließen des Stromkreises Gegenstände aus Eisen hängen bleiben (➠ *Versuch 1*). Die Stärke des Magneten lässt sich über die Stromstärke regeln. Eine Verringerung der Stromstärke schwächt die magnetische Wirkung ab, während starke Elektromagneten durch eine hohe Stromstärke in der Spule erzeugt werden können.

Jana denkt nach: „Beim Einschalten des Stromes wird aus dem Eisenkern auf einmal ein Magnet, der die Eisennägel anzieht. Also wird das Eisenstück von der Strom führenden Spule magnetisiert." Sie stellt sich die Spule vor wie einen „unsichtbaren Magneten", der die Elementarmagnete im Eisen ausrichten kann, ohne selber welche zu besitzen. „Ob dieser unsichtbare Magnet auch ohne den Eisenkern funktioniert?", fragt sie sich. ➠ *Versuch 2* schafft Klarheit: „Tatsächlich!", staunt Jana, „die Spule ist der Elektromagnet, der das Eisenstück magnetisiert."

Merksatz

Eine Strom führende Spule ist ein **Elektromagnet**. Man kann ihn über die Stromstärke regeln und man kann ihn abschalten.

Projekt

Baue deinen eigenen Elektromagneten

Wickle isolierten Kupferdraht auf einen Trinkhalm und stecke einen Eisennagel hindurch.
Schließe dann die Enden an eine Flachbatterie an.
Untersuche die Pole des Elektromagneten mit einer Kompassnadel.
Finde heraus, welche Funktion der Nagel im Trinkhalm hat.
Hänge verschiedene Gegenstände an, um seine Stärke zu messen.

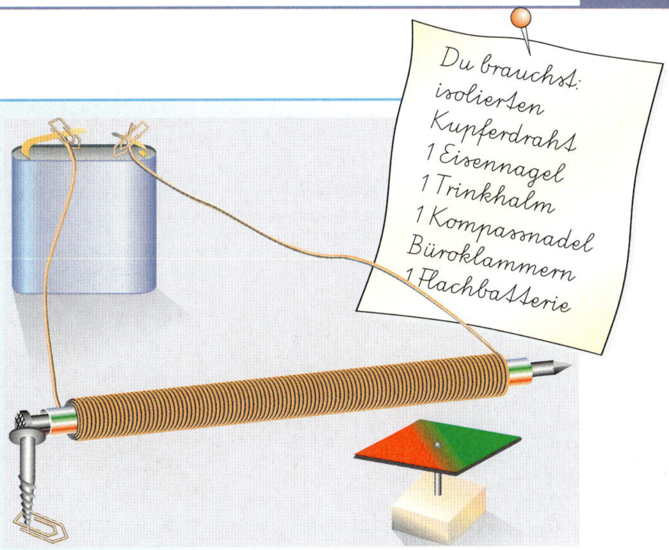

Ergebnisse

Gruppe 1:
„Wir haben 50 Windungen aufgewickelt und die Enden an die Batterie angeschlossen. Zuerst zeigte die rote Hälfte der Kompassnadel (Nordpol) zum einen Ende des Elektromagneten. Wir steckten dann den Nagel anders herum in den Trinkhalm, aber es änderte sich nichts. Als wir die Drähte an der Batterie vertauschten, drehte sich die Nadel herum und zeigte nun mit dem Südpol zum Elektromagneten."

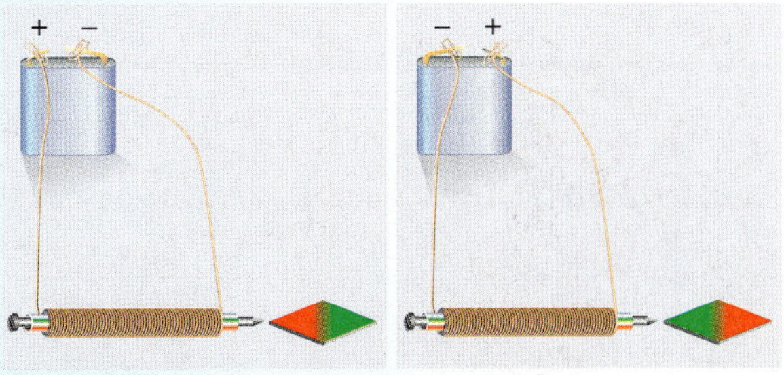

Ergebnis → **Vertauschen der Anschlüsse des Elektromagneten polt den Elektromagneten um.**

Gruppe 2:
„Wenn der Nagel aus dem Trinkhalm entfernt wird, kann der Magnet keine Büroklammern oder Nägel mehr hochheben. Zuerst dachten wir, dass er ohne den Nagel nicht funktioniert. Aber er funktioniert auch ohne den Nagel, denn die Kompassnadel schlägt noch aus, wenn man ihn einschaltet – allerdings nur noch ganz schwach."

Ergebnis → **Das Eisenstück in der Mitte des Magneten verstärkt die magnetische Wirkung erheblich.**

Gruppe 3:
„Als ein paar Windungen Draht aufgewickelt waren, haben wir den Magneten zum ersten Mal getestet. Es blieben keine Büroklammern am Eisennagel hängen. Je mehr Windungen wir dann auf den Trinkhalm gewickelt haben, desto mehr Büroklammern konnten mit dem Elektromagneten angehoben werden. Bei 200 Windungen konnte sogar ein recht schwerer Nagel angehoben werden."

Windungszahl	Beobachtung
10	Kompassnadel schlägt aus
40	Stecknadeln bleiben hängen
60	2 Büroklammern bleiben hängen
80	4 Büroklammern bleiben hängen
100	6 Büroklammern bleiben hängen
200	großer Nagel bleibt hängen

Ergebnis → **Je mehr Windungen der Elektromagnet besitzt, desto stärker ist seine magnetische Wirkung.**

Interessantes

Elektromagnete melden Besuch oder Gefahr

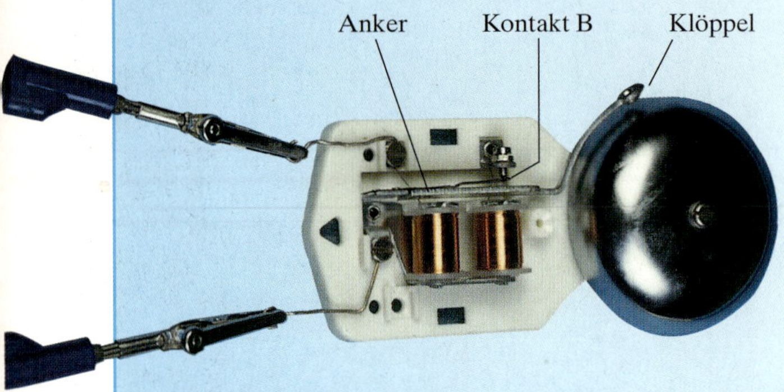

A. Erwünschter Besuch – elektrische Klingel

In Lisas Wohnung ist die alte Haustürklingel gegen einen modernen Türgong ausgetauscht worden. Als Lisa die Klingel zum Müll bringen will, bemerkt sie die beiden Spulen. „Das sind doch Elektromagnete“, denkt sie sich und beschließt, die Klingel genauer unter die Lupe zu nehmen. „Wenn die Spulen Strom führen, ziehen sie das Eisenplättchen darüber an und der Klöppel haut gegen die Glocke. Logisch! – Aber warum macht es nicht nur einmal *Kling* sondern immer wieder?“ fragt sich Lisa. Ein Modellversuch im Physikunterricht bringt Klarheit.

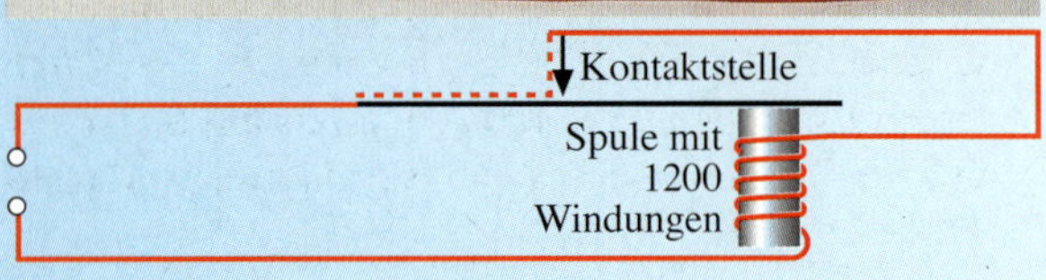

Ein langes Eisenblatt ist zwischen A und D so befestigt, dass es über dem Elektromagneten auf und ab schwingen kann. Zu Beginn ist der Stromkreis über B und D geschlossen. Der Elektromagnet zieht das Eisenblatt nach unten. Dadurch wird aber der Stromkreis am Kontakt B unterbrochen – der Elektromagnet ist ausgeschaltet. Das Eisenblatt schwingt nach oben und schließt den Stromkreis wieder; das Spiel beginnt von neuem. Der Stromkreis unterbricht und schließt sich immer wieder von selbst. Ein solcher **Selbstunterbrecher** befindet sich auch in der Klingel.

B. Unerwünschter Besuch – Alarmanlage

Manchmal bekommt man auch „Besuch“, wenn man gar nicht zu Hause ist. Man kann sich aber vor einem Einbruch, bei dem Fensterscheiben eingeschlagen oder aufgeschnitten wurden, schützen. Wird die Scheibe zerstört, so wird z.B. ein Stromkreis geschlossen, in dem sich eine Alarmsirene befindet. – Technisch wird dies durch zwei getrennte Stromkreise in einem **Relais** möglich. In die Glasscheibe ist ein feines Drähtchen eingearbeitet. Dieses liegt im **Steuerstromkreis**. Dort zieht ein eingeschalteter Elektromagnet einen Schalter vom Kontakt im **Arbeitsstromkreis** weg.

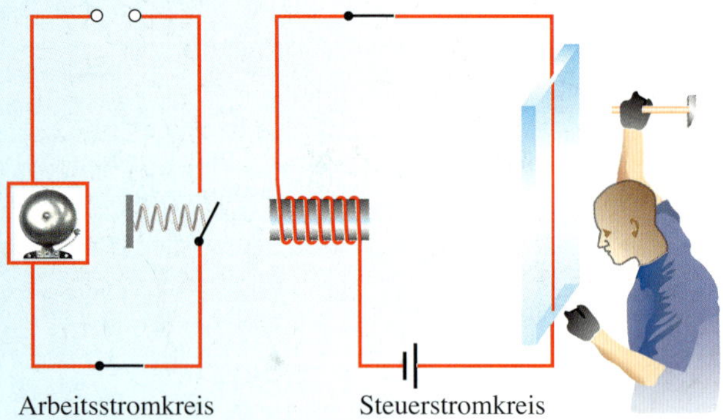

Wird das Drähtchen beim Zerstören der Scheibe zerrissen, so geht der Schalter in seine Ausgangsstellung zurück und schließt dabei den Arbeitsstromkreis: Die Sirene heult los – der Einbrecher vor Schreck auch!

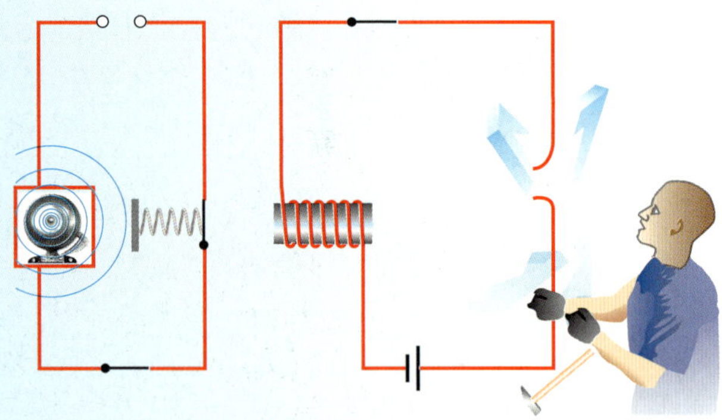

Damit bei der Alarmanlage nicht dauernd ein Steuerstrom fließen muss, um ein Losheulen der Sirene zu verhindern, benötigt man noch einen weiteren Schalter im Arbeitsstromkreis. Wenn dieser Schalter offen ist, kann die Stromquelle im Steuerstromkreis ruhig ausgeschaltet werden. Die Alarmanlage ist außer Betrieb.

Interessantes

C. Magnetschalter kontrollieren den Wasserstand

Auch vor Hochwasser kann man sich mithilfe einer Klingel und eines Magnetschalters warnen lassen.

Katharina, Aylin und Samantha füllen ein Becherglas langsam mit Wasser. Bevor es überläuft, ertönt zur Warnung eine Klingel.

Wir beobachten genauer:
Bei diesem Aufbau wird der Stromkreis, in dem sich Klingel und Stromquelle befinden, durch eine Art Schwimmschalter geschlossen.
Die Klingel beginnt zu schellen, wenn sich der Schwimmer dem über ihm liegenden Bauteil bis auf einen bestimmten Abstand genähert hat. Er hat ihn noch nicht erreicht, also nicht berührt, da geht der Alarm schon los. Wie ist das möglich?

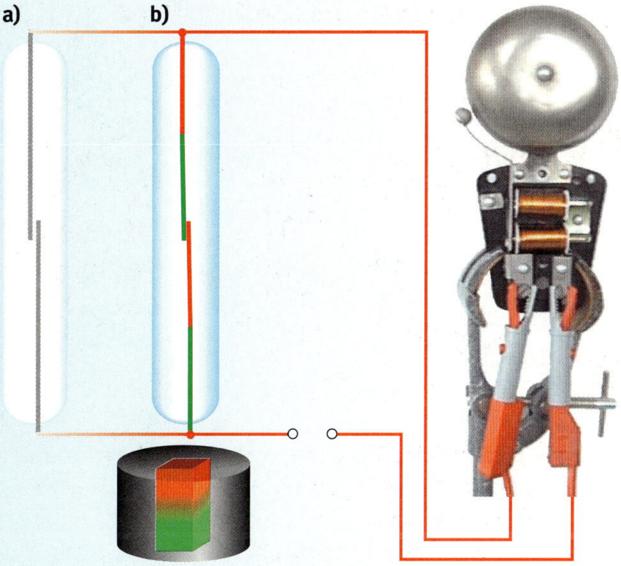

Ein Blick ins Innere des Schwimmschalters hilft uns bei der Suche nach einer Antwort weiter:

In das obere Bauteil ist ein so genannter **Reed-Schalter** eingebaut. Dieser Schalter besteht aus zwei dünnen Eisenplättchen, die sich nahezu berühren. Sie sind in einen Glaskolben eingeschlossen. Ihre Enden ragen zum elektrischen Anschluss aus dem Glaskolben heraus. Wenn diese beiden Kontakte in den Stromkreis eingebaut sind, so ist der Stromkreis zunächst unterbrochen (➠ *Bild a*).

In dem Schwimmer befindet sich ein kleiner Magnet. Nähert sich nun dieser Magnet den beiden Eisenplättchen, so werden sie, wie im Bild oben dargestellt, magnetisiert und ziehen einander an (➠ *Bild b*). Auf diese Weise wird der Stromkreis mit Stromquelle und Klingel geschlossen – der Alarm wird ausgelöst.
„Das ist ja genial," erkennt Katharina „dieser Schalter braucht keine Berührung, und er ist sogar wassergeschützt.

Die drei Mädchen „erfinden" einen *Regelkreis:*
Anstelle der Warnglocke wird eine Pumpe angeschlossen, die das Wasser aus dem Gefäß (in ein anderes) pumpt, so lange bis der Pegel wieder weit genug abgesenkt ist. Eine solche Einrichtung könnte man für eine *Regenwassergewinnungsanlage* verwenden. Viele Häuser besitzen im Keller einen „Pumpensumpf". Auch aus ihm wird Wasser mit einer ähnlichen Vorrichtung abgepumpt.

Interessantes

Die Magnetschwebebahn

Eine Bahn mit magnetischem Wagenheber …

Sicher hast du schon einmal etwas von dem *Transrapid* gehört. Der Transrapid ist ein Zug, der durch die anziehende Wirkung von Magneten angehoben und in einer bestimmten Höhe gehalten wird. Er kommt daher ganz ohne Räder aus. Dies ist ein großer Vorteil. Herkömmliche Züge verlieren durch Reibung zwischen Rad und Schiene dauernd Energie an die Umgebung. Da der Transrapid nichts berührt, kann er diese eingesparte Energie nutzen, um schneller zu werden als der normale Zug. Er erreicht so eine extrem hohe Geschwindigkeit von bis zu 500 km/h.

Tragen

Magnete sollen die Bahn schweben lassen. Dauermagnete ließen die Fahrzeuge sofort am Fahrweg haften. Damit dies nicht geschieht, baut man Elektromagnete in den Fahrweg. Andere Elektromagnete werden im Schwebegestell des Zuges angebracht. Der Strom wird nun dauernd so geregelt, dass zwischen den Tragemagneten des Schwebegestells und den Elektromagneten des Fahrweges ein etwa 1 cm breiter Spalt entsteht. Dieser Abstand wird während der ganzen Fahrt eingehalten.

Führen

Auch seitlich an den Führungsschienen sind Magnete befestigt. Im Schwebegestell des Zuges (graue Kästen im Bild oben) sind dazu passende Führungsmagnete montiert. Zusammen sorgen sie für gleich bleibenden Abstand zwischen Bahn und Fahrweg und verhindern so ein seitliches Anstoßen.

… und magnetischem Antrieb

Auch zum Antrieb verwendet man Elektromagnete. Im Fahrweg befinden sich so genannte Vorschubmagnete. Diese wirken auf die am Fahrzeug angebrachten Elektromagnete so ein, dass sich das Fahrzeug in Fahrtrichtung nach vorne bewegt. Durch die Bewegung des Fahrzeugs ändert sich aber die Lage dieser Magneten zueinander. Daher müssen die Magnete im Fahrweg zeitlich passend genau so umgepolt werden, dass sie die Bahn immer weiter in Fahrtrichtung antreiben. Dies siehst du in der Zeichnung unten zu drei Zeitpunkten (➠ *Bild 1*).

Beim Abbremsen macht man es genau umgekehrt. Die Elektromagnete im Fahrweg werden nun so gepolt, dass sie das Fahrzeug nach hinten ziehen. Dadurch wird es langsamer, bis es steht.

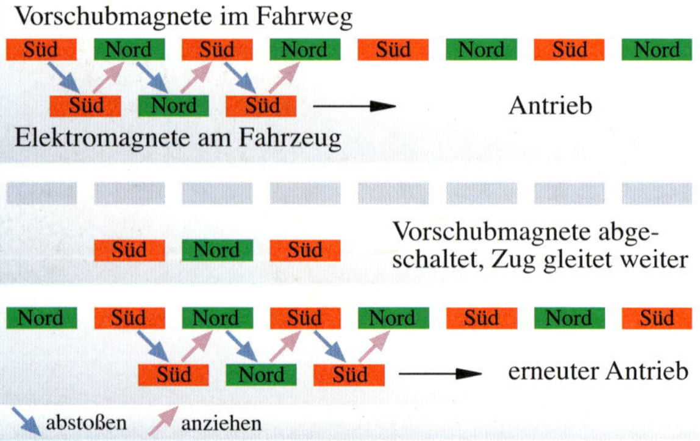

B1: So wird die Magnetschwebebahn vorangetrieben: blaue Pfeile: Abstoßung, violette Pfeile: Anziehung

Das ist wichtig

1. Dauermagnete

- Ein Magnet kann Gegenstände aus Eisen, Kobalt oder Nickel magnetisieren und sie dadurch anziehen.
- Jeder Magnet und jedes Bruchstück eines Magneten besteht aus einem *magnetischen Nordpol* und einem *magnetischem Südpol.*
- Ungleichnamige Pole zweier Magnete ziehen einander an, gleichnamige Pole stoßen einander ab.
- Magnetische *Feldlinien* verlaufen vom magnetischen Nordpol zum magnetischen Südpol. Sie zeigen an, in welche Richtung eine frei bewegliche Magnetnadel weist.
- Der magnetische Nordpol einer Kompassnadel weist immer nach Norden zum magnetischen Südpol des Erdmagneten.

2. Elementarmagnete

- Wir stellen uns im Magneten Elementarmagnete vor, die drehbar sind und parallel zueinander in derselben Richtung liegen.
- Auch nicht magnetisiertes Eisen enthält Elementarmagnete – sie sind aber ungeordnet.
  Beim *Magnetisieren* werden die Elementarmagnete parallel ausgerichtet, sodass eine magnetische Wirkung nach außen entsteht.
  Beim *Entmagnetisieren* wird diese Ordnung zerstört. Die magnetische Wirkung verschwindet.

3. Elektromagnete

- Eine Strom führende Spule ist ein Elektromagnet. Er wirkt wie ein Stabmagnet. Man kann ihn aber ein- und ausschalten. Über die Stromstärke kann man seine Stärke regeln. Die Stromrichtung bestimmt Nordpol und Südpol.
- Die Stärke eines Elektromagneten nimmt zu, wenn man einen Eisenkern in die Spule steckt oder wenn die Spule mehr Windungen erhält.

Alles auf einen Blick

Die Grafik gibt dir einen Überblick über das Thema „Magnete“. Die Farben zeigen an, ob es um Magnetsorten, zu beobachtende Phänomene oder Vorstellungen im Gedankenmodell der Elementarmagnete geht.

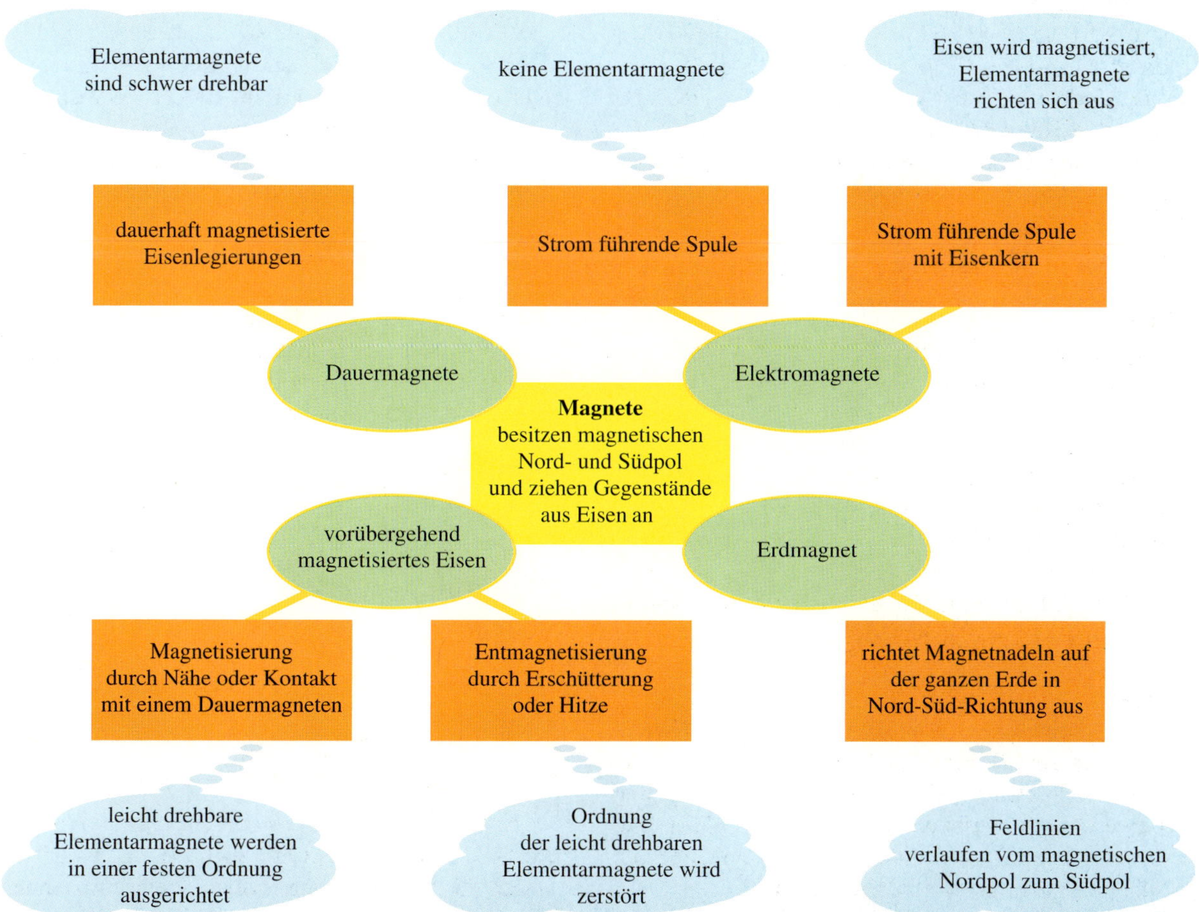

Mach's selbst

A1: Wie kannst du herausfinden, ob der Rahmen deines Fahrrades aus Eisen oder Aluminium ist?

A2: Eine Schraube ist hinter die Werkbank gerutscht. Mit der Hand kann Lukas sie nicht erreichen. Beschreibe, wie er sie mithilfe eines Eisendrahtes und eines Magneten wieder hervor holen kann.

A3: Lege einen Lautsprecher auf eine Küchenwaage. Nähere dem Magneten an der Rückseite einen weiteren Magneten einmal mit dem Nord- und einmal mit dem Südpol. Was beobachtest du auf der Anzeige der Waage?

A4: Schaue dir die im Bild dargestellten Versuche genau an. Übertrage sie dann in dein Heft und markiere die Pole der Magneten mit den richtigen Farben.

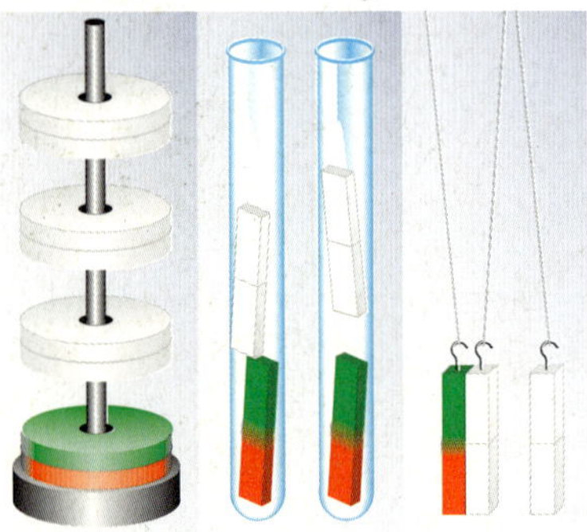

A5: Wie kannst du herausfinden, welcher Pol der Südpol eines Magneten ist? Nenne verschiedene Möglichkeiten.

A6: Eine Stahlnadel wurde durch mehrfaches Überstreichen mit dem Nordpol eines Stabmagneten magnetisiert.

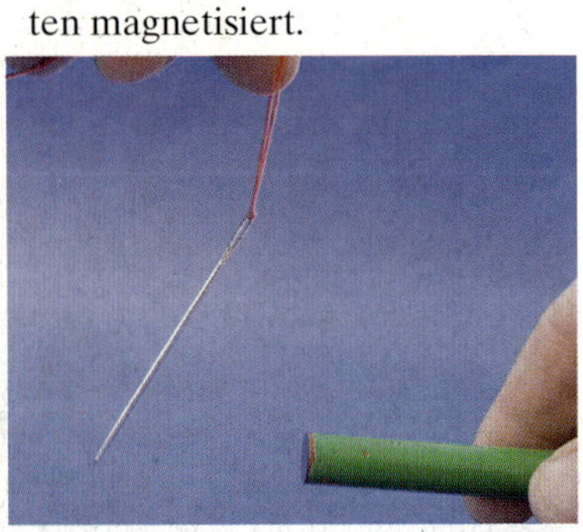

Nähert man sie, wie im Bild zu sehen, dem Südpol eines Stabmagneten, so wird sie abgestoßen. Kommt man ihr zu nahe, so schwingt sie plötzlich zum Südpol des Magneten und bleibt dort haften. Erkläre diese Beobachtung mit dem Modell der Elementarmagnete.

A7: Baue einen Kompass wie in der Abbildung dargestellt.

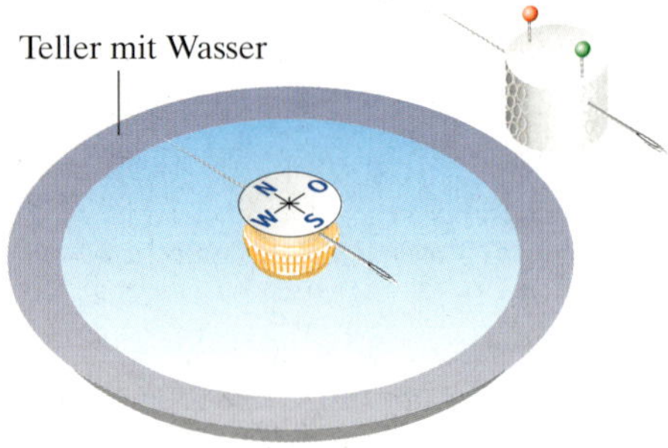

Als Kompassnadel kannst du einen dünnen Eisennagel oder eine Stahlnadel wählen. Für welchen Gegenstand würdest du dich entscheiden? Begründe deine Entscheidung.

A8: Erkläre, warum das Gehäuse eines Kompasses nicht aus Eisen sein darf.

A9: Wer war der erste Mensch am Südpol der Erde? Recherchiere im Internet oder im Lexikon, sammle Informationen über den Wettlauf zwischen R. AMUNDSEN und R. F. SCOTT und trage sie in deiner Klasse vor.

A10: Die abgebildete Information ist in vielen Landkarten enthalten. Erkläre sie.

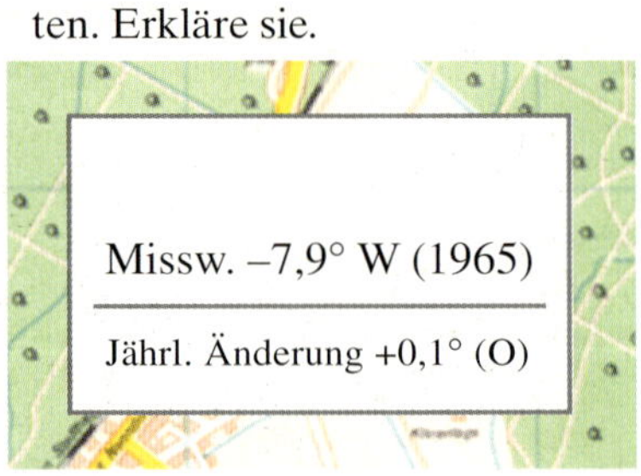

A11: Beschreibe die Vor- und Nachteile von Elektromagneten gegenüber Dauermagneten und nenne ihre Einsatzmöglichkeiten im Alltag.

Wir betrachten abends den Halbmond. Er strahlt sehr hell, während seine Umgebung schwarz erscheint. Der Mond selbst erzeugt kein Licht, wohl aber die Sonne. Sie steht bereits unter dem Horizont und beleuchtet die rechte Hälfte der Mondkugel, die andere Hälfte nicht. Nur von der beleuchteten Halbkugel gelangt Licht in unser Auge. Licht ist also nötig, damit wir Gegenstände sehen können.

Im Bergsee spiegeln sich Bäume und Berge. Die Sonne bescheint bei Tag die Oberfläche der Erde. Licht gelangt von den beleuchteten Bergen und Bäumen direkt in unser Auge – wir sehen sie. Die glatte Wasseroberfläche des Bergsees verhält sich wie ein Spiegel. Sie lenkt das Licht um. Licht des Baumes trifft die Wasseroberfläche und von dort auf dem Umweg ins Auge. Wir sehen den „gespiegelten“ Baum auch aus dieser Richtung.

B1: Foto der Erde aus dem Weltall

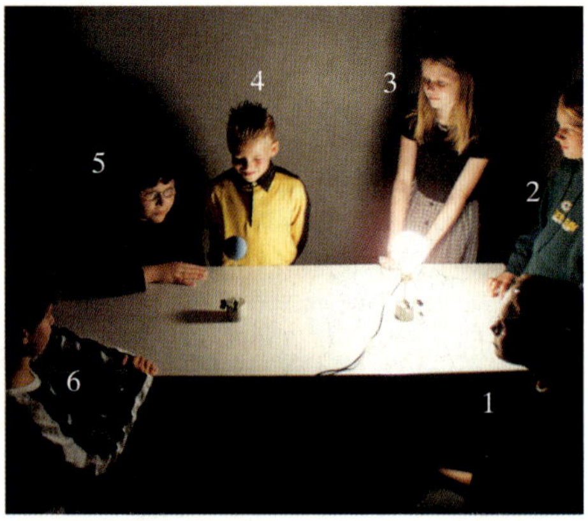

V1: Wir experimentieren mit einer Glühlampe ohne Schirm und einer Styroporkugel auf einem Stiel. Im verdunkelten Klassenraum beleuchtet die Glühlampe die Kugel. Genau die Hälfte der Kugel ist beleuchtet, die andere Hälfte bleibt unbeleuchtet und damit auch (fast) unsichtbar. Wir wechseln unsere Position gegenüber der Lampe und der Styroporkugel.

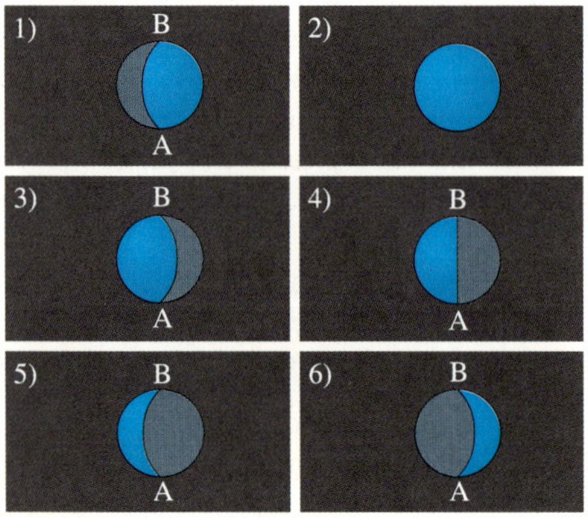

B2: Ansicht der beleuchteten Styroporkugel aus verschiedenen Positionen.

Beleuchtete Himmelskörper

1. Die beleuchtete Erdkugel

Das Foto der Erde aus dem Weltall zeigt Ozeane, Kontinente und auch Wolken (➠ *Bild 1*). Bis auf die Wolken hat das Bild damit Ähnlichkeit mit dem Globus, den du aus der Erdkunde bereits kennst. Es gibt allerdings noch einen großen Unterschied. Wie du weißt, ist die Erde eine Kugel. Warum erkennen wir dies nicht in diesem Bild?
Wir können leider nicht in den Weltraum hinausfliegen, um uns vom tatsächlichen Anblick zu überzeugen. Wir versuchen es durch Überlegungen auf der Erde.

Wir haben bereits gelernt, dass wir Gegenstände nur dann sehen können, wenn sie selbst leuchten oder aber beleuchtet werden. Wäre die Erde selbst eine kugelförmige Lichtquelle, dann wäre sie auch als Kugel auf dem Foto zu erkennen – das ist aber nicht der Fall. Also ist die Erde eine *beleuchtete* Kugel.

Offensichtlich beleuchtet die Sonne die Erde so, dass sie im Weltall so aussieht wie auf dem Foto. Gelingt es uns, das im Unterricht nachzustellen?
➠ *Versuch 1* kann als Stellvertreterversuch für den Weltraumflug angesehen werden. Die leuchtende Glühlampe übernimmt die Rolle der Sonne, die Styroporkugel die Rolle der Erdkugel – und du selbst spielst Astronaut. Du „fliegst" um die „Erde" und „fotografierst" sie.
Der Versuch zeigt uns folgende Ergebnisse:

- Stets ist die Hälfte der Erdkugel beleuchtet. Auf der beleuchteten Seite ist es Tag, auf der anderen ist es Nacht.
- Das Aussehen der beleuchteten Erdkugel hängt davon ab, welchen Teil man von der beleuchteten Halbkugel sieht. Von jeder der Positionen erhält man eine andere Ansicht (➠ *Bild 2*).
- Die Grenze zwischen Tag und Nacht ist immer ein Kreis, von dem wir nur die Hälfte sehen. A und B sind stets gegenüberliegende Punkte auf der Kugel.

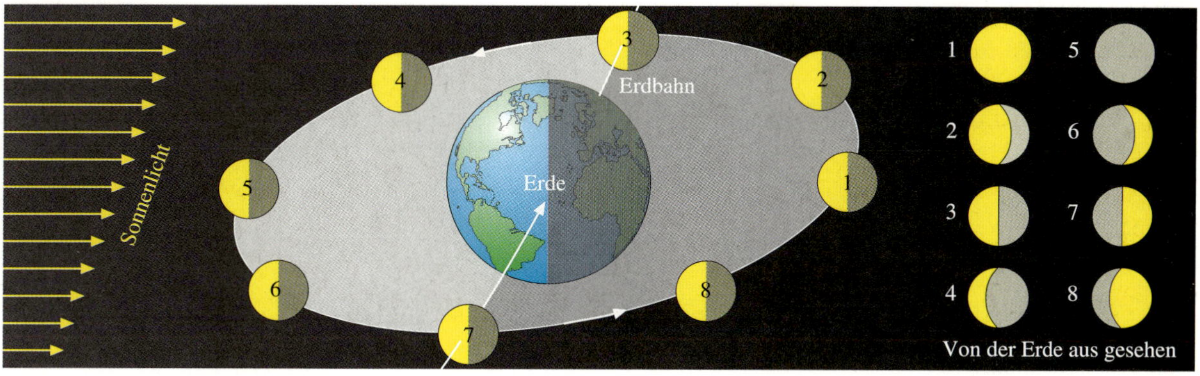

B3: Entstehung der Mondphasen

2. Der beleuchtete Mond

Wenn du den Mond beobachtest, stellst du fest, dass er täglich sein Aussehen ändert. Man nennt dieses unterschiedliche Aussehen **Mondphasen**.

Innerhalb eines Monats umkreist die Mondkugel die Erde im Weltall. Dadurch ändert sich die Stellung zwischen Sonne, Mond und den Beobachtern auf der Erde ständig. Sonne, Erde und Mond befinden sich dabei fast nie auf einer Linie, sodass wirklich immer die Hälfte der Mondkugel beleuchtet ist und nicht etwa ein Teil von der Erdkugel verdeckt wird. *Bild 3* verdeutlicht dies; der Mond ist hier in acht verschiedenen Positionen auf seiner Umlaufbahn eingezeichnet.
Versuch 2 veranschaulicht uns die Entstehung der Mondphasen:

- Stets ist die Hälfte der Mondkugel beleuchtet.
- Von der Erde aus sieht man täglich einen etwas anderen Teil der beleuchteten Mondhalbkugel.

Bezeichnungen: (vergleiche mit *Bild 3*)

- Bei **Vollmond** (Stellung 1) sehen wir die ganze beleuchtete Mondhalbkugel.
- Bei **Halbmond** (Stellungen 3 und 7) sehen wir die Hälfte der beleuchteten Mondhalbkugel.
- Bei **Neumond** (Stellung 5) sehen wir nichts von der beleuchteten Mondhalbkugel.

Zwischen den Stellungen 1 und 5 wird der sichtbare Teil der beleuchteten Halbkugel stets kleiner – man spricht vom **abnehmenden** Mond. Anschließend sieht man täglich wieder immer mehr von der beleuchteten Mondhalbkugel – man spricht vom **zunehmenden** Mond.
Gleiche Mondphasen wiederholen sich alle 29,5 Tage.

Eselsbrücke: Der abnehmende Mond ist links rund und passt ins a.
Der zunehmende Mond ist rechts rund und passt ins z.

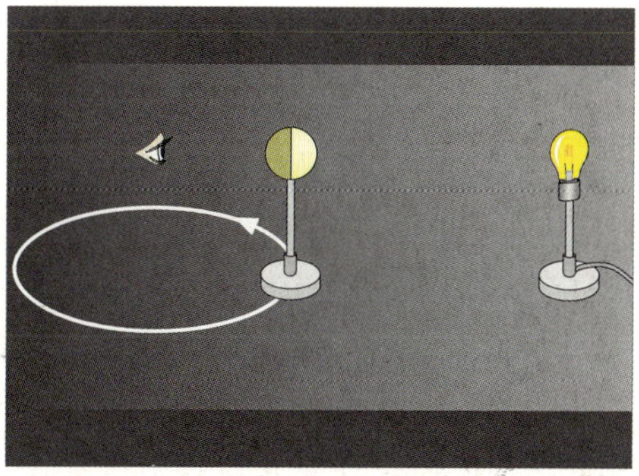

V2: Wir experimentieren mit einer Styroporkugel und der Lampe aus *Versuch 1*. Wir zeichnen einen Kreis (Durchmesser 50 cm) mit Kreide auf den Tisch. Die Lampe stellen wir 50 cm vom Kreisrand entfernt außerhalb des Kreises auf. Wir bewegen die Styroporkugel langsam entlang des Kreises und beobachten das Aussehen der Kugel von der Kreismitte aus.

Mach's selbst

A1: Beobachte die Mondauf- bzw. -untergänge während der nächsten 2 Wochen. Notiere Himmelsrichtung und Zeitpunkt.

A2: Erkläre anhand von *Bild 3*: Der Vollmond ist während der ganzen Nacht zu sehen, während der zunehmende Halbmond (Position 7) etwa zur Mittagszeit aufgeht und um Mitternacht untergeht.

A3: Fabian hat Bilder vom Mond gezeichnet. Welche können keine Mondphasen darstellen? Begründe.

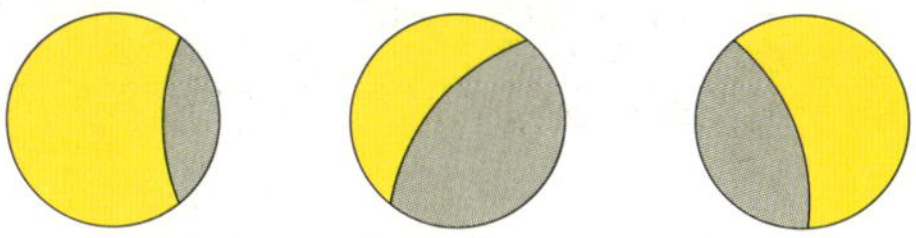

B 1: Schattenspiele

B 2: Der Schatten einer Lichtquelle

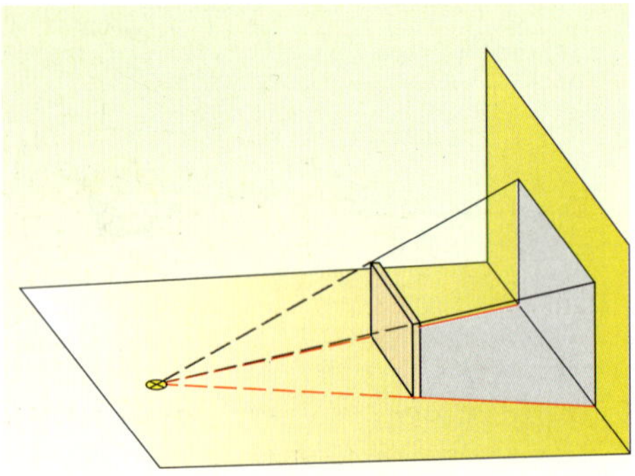

V 1: Wir verdunkeln den Raum und stellen eine Kerze oder eine kleine Glühlampe auf. Sie beleuchtet einen Holzklotz. Hinter dem Holzklotz steht eine Wand oder ein Pappkarton. Auf dem Tisch und an der Wand erkennen wir einen Schatten (➠ *Bild 2*).
Wir legen ein Blatt Papier unter den Klotz und zeichnen den Schattenrand auf. Wir markieren die Umrisse des Klotzes und den Punkt, auf dem die Lichtquelle steht.

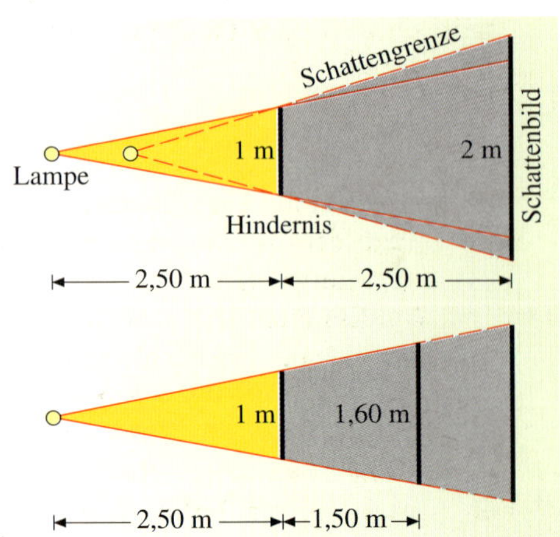

B 3: Die Schattengröße selbst bestimmt

Licht und Schatten

1. Der Schatten einer Lichtquelle

Jana zaubert mit den Händen einen Hund an die Wand (➠ *Bild 1*). Wie lässt sich ein solches Schattenbild erklären? „Ganz einfach", sagt Lukas, „Schatten ist überall dort, wo kein Licht hingelangt. Und hinter deine Hände kommt kein Licht."
Wir werden sehen, dass das Schattenbild tatsächlich so entsteht. Dennoch ist es verwunderlich, dass wir das Bild eines Hundes sehen. Von diesem Bild kommt ja gerade *kein* Licht in unser Auge! Es gehört zu den faszinierenden Eigenschaften unseres Gehirns, dass es uns diesmal die nicht beleuchtete Fläche als Bildeindruck meldet.

➠ *Versuch 1* zeigt uns: Der Schatten auf dem Tisch ist geradlinig begrenzt (rote Linie). Verlängern wir die Schattenränder nach „hinten", so kreuzen sie sich dort, wo unsere Lichtquelle stand. Lukas wundert sich überhaupt nicht. Wir haben jetzt dünne Lichtbündel eingezeichnet, die gerade noch am Hindernis vorbeilaufen. Von der Lichtquelle ausgehend kann kein Licht hinter das undurchsichtige Hindernis gelangen. Dieser lichtfreie Raum wird **Schattenraum** genannt.
Die Begrenzungsbündel an den oberen Ecken des Hindernisses verlaufen frei durch den Raum. Wir denken sie uns an allen Begrenzungen des Hindernisses entlang. Auf der Wand entsteht dann ein vergrößertes **Schattenbild** des Hindernisses.

So bestimmst du die Größe des Schattenbildes (➠ *Bild 3*):
- Zeichne ein verkleinertes Bild der tatsächlichen Abstände und Größenverhältnisse auf ein Blatt Papier.
- Zeichne die beiden Schattengrenzen ausgehend von der Lampe am Hindernis vorbei. Der Zwischenraum an der Wand gibt dir dann die Größe des Schattenbildes wieder.

Du erkennst sofort in ➠ *Bild 3*: Je näher die Lampe an das Hindernis heranrückt, desto größer wird das Schattenbild. Es wird auch größer, wenn die Wand weiter vom Hindernis wegrückt.

2. Zwei Lichtquellen erzeugen mehr Licht

„Interessant werden Schattenbilder erst, wenn es mehr als eine Lichtquelle gibt. Bei einem Tennisturnier habe ich gesehen, dass jede Spielerin vier Schatten hat (➠ *Bild 4*). Mehr Lampen machen also mehr Schatten", sagt Lukas. Jana erwidert ganz verwundert: „Mehr Lampen bedeuten doch mehr Licht und nicht mehr Dunkelheit!"
Ohne Zweifel ist Janas Aussage richtig. Wie ist aber Lukas Beobachtung auf dem Tennisplatz zu verstehen? ➠ *Versuch 2* hilft uns dabei.
Das Ergebnis von ➠ *Versuch 2* liefert die Erklärung. In den Bereich (b) gelangt kein Licht. Diesen Raum nennt man **Kernschatten**. In die Bereiche (a) und (c) gelangt nur jeweils Licht *einer* Lampe, der Raum heißt **Halbschatten**. Im restlichen Raum können wir Licht von beiden Lampen empfangen.

Neben dem Kernschatten gibt es jetzt noch zwei Halbschattenbereiche. Erzeugen zwei Lampen also doch mehr Schatten als eine? Hat Lukas also Recht? Tatsache ist, dass der Kernschattenbereich kleiner ist als mit nur einer Lampe. Die Halbschattenbereiche (a) und (c) erhalten jeweils genauso viel Lichtenergie, als wenn nur eine Lampe eingeschaltet wäre. Der übrige Raum wird durch die zweite Lampe noch heller. Also bleibt es dabei:

Mehr Lampen erzeugen mehr Helligkeit – auch wenn sich die Anzahl der verschiedenen Helligkeitsbereiche erhöht.

„Die Tennisspielerin hat aber vier verschiedene Schatten", Lukas lässt nicht locker. Jana hat auch hier eine gute Idee. Sie zieht in ➠ *Versuch 2* die beiden Lampen einfach weiter auseinander ohne ihren Abstand vom Hindernis zu verändern. Dadurch wandern die Halbschatten auch weiter nach außen; der Kernschatten wird immer kleiner, bis schließlich nur noch ein kleines Dreieck direkt hinter dem Hindernis übrig bleibt. Das Hindernis hat dann tatsächlich zwei Halbschatten. „Und bei vier Lampen in jeder Ecke des Spielfeldes erzeugt jede Spielerin dann vier verschiedene ‚Viertelschatten'.", ruft Lukas. Damit hat er Recht, denn von drei Lampen gelangt jeweils Licht in den Schattenraum auf dem Tennisrasen.

B 4: Die Tennisspielerin hat vier Schatten.

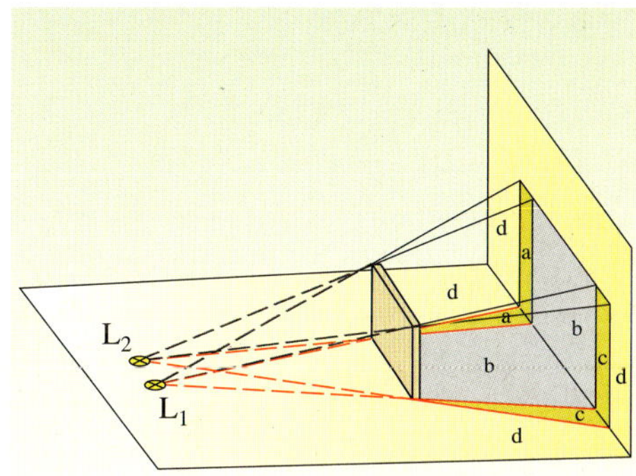

V 2: Wir erweitern ➠ *Versuch 1* um eine zweite kleine Lampe L_2.
Nur L_1 leuchtet:
In die Bereiche (a) und (b) gelangt kein Licht. Sie sind beide dunkel.
L_2 wird zusätzlich eingeschaltet:
Bereich (a) wird heller durch L_2,
Bereich (b) bleibt dunkel wie vorher,
Bereich (c) bleibt so hell wie vorher; (a) und (c) sind etwa gleich hell,
Bereich (d) wird heller als vorher.
Amelie stellt sich hinter das Hindernis in Bereich (c). Sie sieht von dort aus nur L_1. Für sie ändert sich nichts, wenn wir L_2 ausschalten. Steht sie im Bereich (b), so sieht sie keine der Lampen. In (a) sieht sie dagegen nur L_2.

Mach's selbst

A 1: Übertrage das verkleinerte Bild in dein Heft (zähle dazu die Kästchen). **a)** Zeichne die verschiedenen Schattenräume ein. **b)** Setze genau in die Mitte zwischen die beiden Lampen eine weitere und zeichne wieder die Schattenräume ein. Wie viele unterschiedliche Helligkeitsgebiete gibt es? Finde Namen für diese Räume.

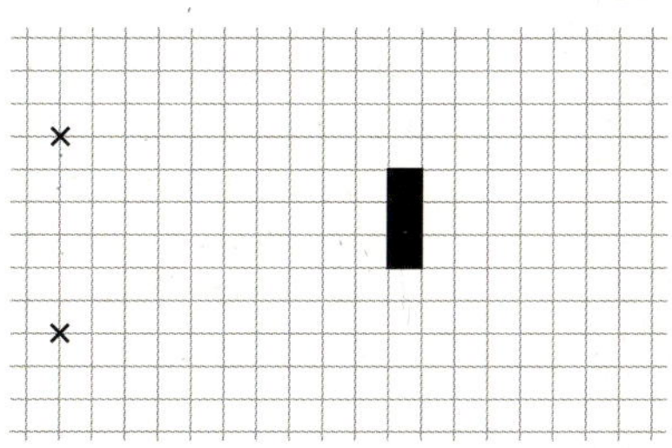

A 2: Du gehst im Dunkeln unter einer Straßenlaterne hindurch. Beschreibe, wie sich dein Schatten auf der Straße während deines Spaziergangs ändert.

A 3: Ein Pfahl ist 2 m hoch. 3 m entfernt hängt in 6 m Höhe eine Lampe. Wie lang ist der Schatten, den der Pfahl auf den waagerechten Boden wirft? (Zeichne im Maßstab 1 m der Wirklichkeit als 1 cm auf dem Papier.)

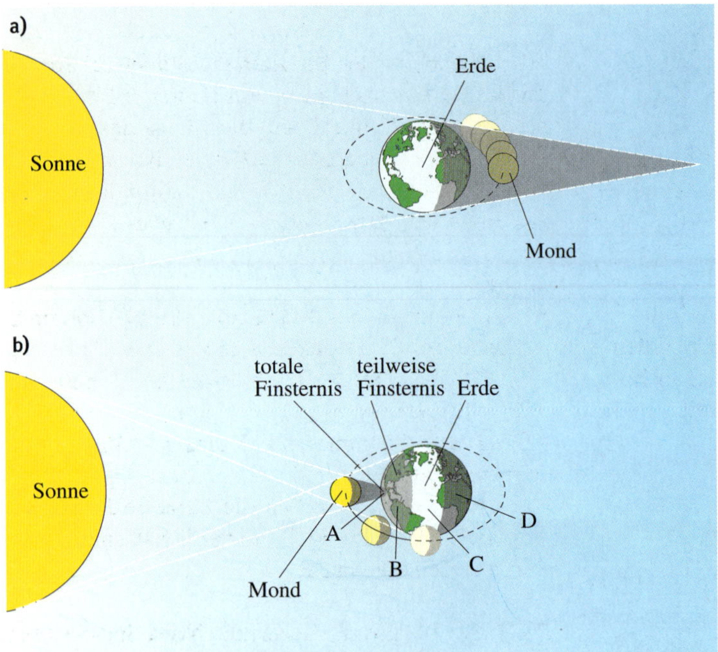

B 1: a) Mondfinsternis **b)** Sonnenfinsternis

Der Kernschatten der Erdkugel ist kegelförmig. In ihn fällt kein Sonnenlicht. Durchläuft der Mond diesen Kernschattenbereich, dann wird er nicht beleuchtet. Man spricht von einer **totalen Mondfinsternis.**

Wandert der Mond nur teilweise durch den Kernschatten, so beobachtet man von der Erde aus eine **partielle** (teilweise) **Mondfinsternis.**

Der Kernschatten der Mondkugel ist ebenfalls kegelförmig. Er ist umgeben von einem Halbschatten.
Ein Beobachter auf der Erde, der sich im Kernschatten befindet, empfängt kein Licht von der Sonne. Er beobachtet eine **totale Sonnenfinsternis**.

Steht er im Bereich des Halbschattens, so erlebt er eine **partielle Sonnenfinsternis.**

B 2: Fotos einer Mondfinsternis

B 3: Fotos einer Sonnenfinsternis

Mach's selbst

A 1: In *Bild 1 b* befindet sich ein Beobachter in Punkt C, ein anderer in Punkt D. Wie erleben diese beiden die Sonnenfinsternis in diesem Augenblick?

A 2: Sonnenfinsternisse sind stets tagsüber zu beobachten. Wie ist es mit den Mondfinsternissen? (Begründe deine Antwort.)

3. Licht und Schatten im Weltraum

Das Licht der Sonne ist wichtig für unser Leben auf der Erde. Im Weltraum beleuchtet es eine Hälfte des Mondes. Wir beobachten dann die Mondphasen. Aber auch die Schattenräume, die es hinter der Erde und hinter dem Mond erzeugt, spielen eine große Rolle.
Der Mond umrundet die Erde in etwa einem Monat. Dabei umkreist die Erde die Sonne. Für diesen Weg benötigt die Erde ein Jahr. Mondbahn und Erdbahn sind gegeneinander geneigt, sodass bei Vollmond bzw. bei Neumond die drei Himmelskörper fast nie auf einer Linie stehen. Bei Vollmond ist es zweimal im Jahr möglich. Dann fällt der Erdschatten auf den Mond. Es kommt zu einer **Mondfinsternis** (*Bild 1 a*). Die Fotos in *Bild 2* zeigen eine *partielle* (teilweise) Mondfinsternis.

Stehen bei Neumond Sonne, Mond und Erde genau auf einer Linie, so kann man von der Erde aus eine **Sonnenfinsternis** beobachten. Die Spitze des Kernschattenkegels des Mondes überstreicht dann einen schmalen Streifen auf der Erdoberfläche. Ein Beobachter im Ort A erlebt dann eine *totale* Sonnenfinsternis (*Bild 1 b*).
(Von Deutschland aus war die letzte Sonnenfinsternis 1999 zu sehen. Die nächste wird von Deutschland aus erst wieder im Jahr 2135 beobachtbar sein.)
Ein Beobachter B in *Bild 1 b* erlebt diese Finsternis als *partielle* Finsternis. Diese ist von einem größeren Teil der Erdoberfläche sichtbar und deshalb alle paar Jahre von uns aus beobachtbar. Die Fotos in *Bild 3* zeigen das Aussehen der Sonne bei einer partiellen und bei einer totalen Sonnenfinsternis.

Projekt

A. Himmelsrichtung ohne Kompass

„Im Osten geht die Sonne auf.
Im Süden steigt sie hoch hinauf.
Im Westen will sie untergehen.
Im Norden ist sie nie zu sehen."

Du brauchst: 1 Stativstange (ca. 50 cm) mit Fuß, Stift oder Kreide, 1 Seil

Wer kennt nicht diesen Spruch?
Die scheinbare Bewegung der Sonne am Himmel lässt sich auch auf dem Boden verfolgen. Wir stellen dazu einen Stab (Stativstange) vertikal auf einer horizontalen Ebene (Terrasse oder Schulhof) auf.

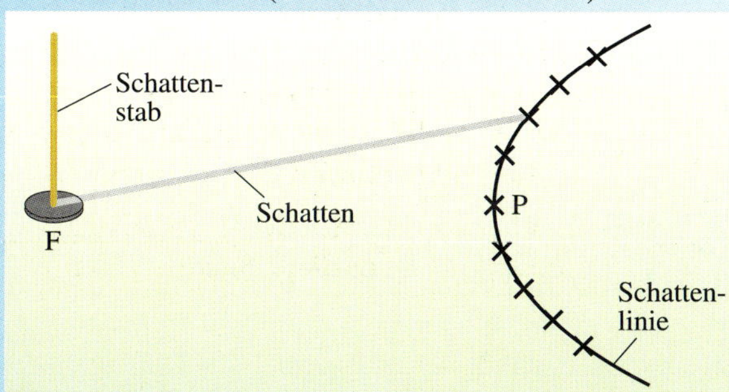

Wir beobachten den Schatten des Stabes bei Sonnenschein. Bereits nach wenigen Minuten erkennen wir, dass sich die Richtung und die Länge des Schattens verändern. Der Schatten ist dann besonders kurz, wenn die Sonne ihren höchsten Bahnpunkt erreicht hat. In diesem Augenblick steht sie genau im Süden.

Auftrag

- Markiere auf dem Boden etwa alle 10 Minuten die Spitze des Schattens. Das musst du nur zwischen 11.30 Uhr und 13.30 Uhr tun (bei Sommerzeit eine Stunde später).
- Verbinde die Punkte durch eine gekrümmte Linie (Schattenlinie).
- Ermittle mit einem Seil die kürzeste Entfernung zwischen dem Punkt F und der Schattenlinie. Markiere die Stelle mit P.

Die Linie PF gibt nun exakt die Nord-Süd-Richtung an. Die Senkrechte dazu ist die West-Ost-Richtung. Ganz ohne Kompass ist es uns gelungen, die vier Himmelsrichtungen zu markieren.

B. Sonnenuhr

Du brauchst: 1 Bierdeckel (Durchmesser 10 cm), 1 Schaschlikspieß aus Holz, gekürzt auf ca. 7 cm Länge

Nimm an, dass der Schattenstab an einem Tag im Sommerhalbjahr genau auf dem Nordpol der Erdkugel steht. Dort scheint die Sonne dann an diesem Tag 24 Stunden.
Weil sich die Erde an einem Tag einmal komplett um ihre eigene Achse dreht, wandert der Schatten einmal vollständig um den Aufstellort des Stabes herum. Würden wir den Schatten nach jeder Stunde aufzeichnen, so erhielten wir auf dem Boden ein Zifferblatt mit 24 Zahlen.

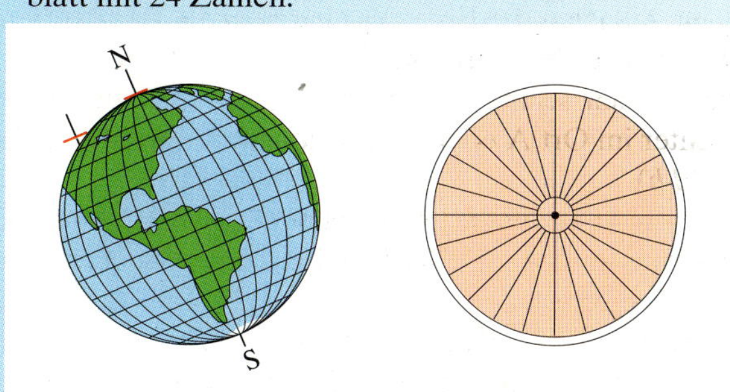

1. Zeichne zwei Zifferblätter jeweils auf eine Schablone (gleiche Größe wie der Bierdeckel).
2. Beschrifte das eine Zifferblatt im Uhrzeigersinn, das andere im Gegenuhrzeigersinn.
3. Markiere auf beiden Schablonen 12.30 Uhr.
4. Klebe die beiden Schablonen auf die beiden Seiten des Bierdeckels. (Die beiden 12.30 Uhr-Markierungen müssen an der gleichen Stelle liegen.)
5. Markiere den Schaschlikspieß im Abstand von 3,9 cm vom stumpfen Ende.
6. Stecke nun den Schaschlikspieß durch die Mitte des Bierdeckels bis zur Markierung (von der Seite mit dem Zifferblatt im Gegenuhrzeigersinn).
7. Drehe die Sonnenuhr so, dass die beiden 12.30 Uhr-Markierungen unten liegen und richte die nach oben weisende Spitze nach Norden aus.

Die Bierdeckelsonnenuhr zeigt dann das ganze Jahr über fast genau die Uhrzeit an, vorausgesetzt, die Sonne scheint. (In Niedersachsen liegt das Zifferblatt jetzt parallel zum Zifferblatt auf dem Nordpol.) Im Winterhalbjahr fällt dabei der Schatten auf die Unterseite, im Sommerhalbjahr auf die Oberseite des Bierdeckels.

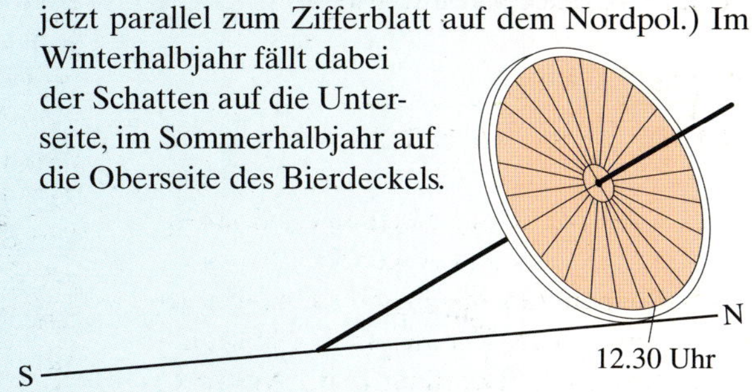

B1: Der mutige Marc hält den Finger in die Flamme.

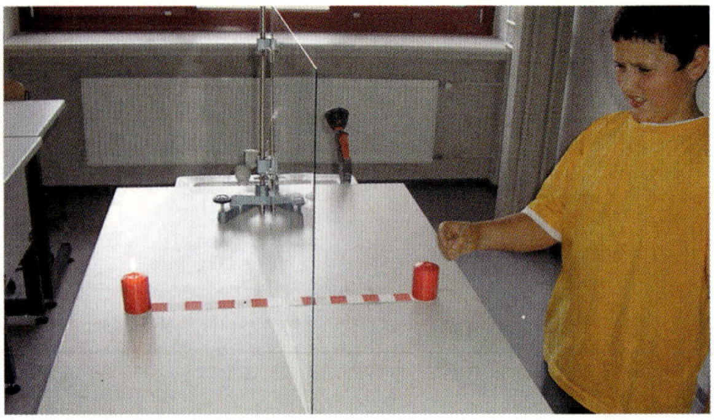

B2: Von der Seite gesehen: Die 2. Kerze brennt nicht.

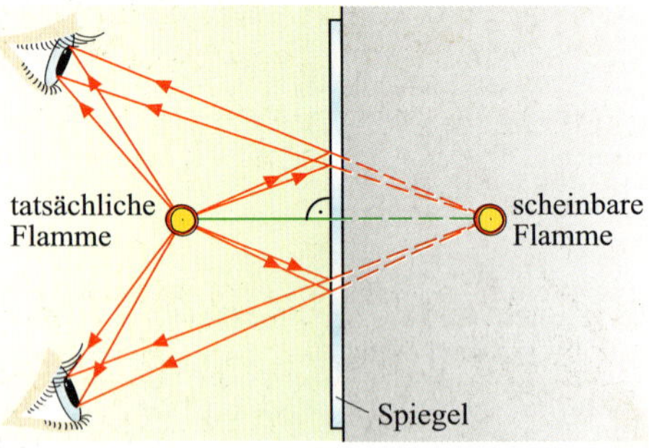

B3: Blick von oben: Lichtbündel der Kerze vor dem Spiegel erreichen auf direktem Weg die Beobachter. Die reflektierten Lichtbündel erreichen die Beobachter aus der Richtung der Kerze hinter der Scheibe.

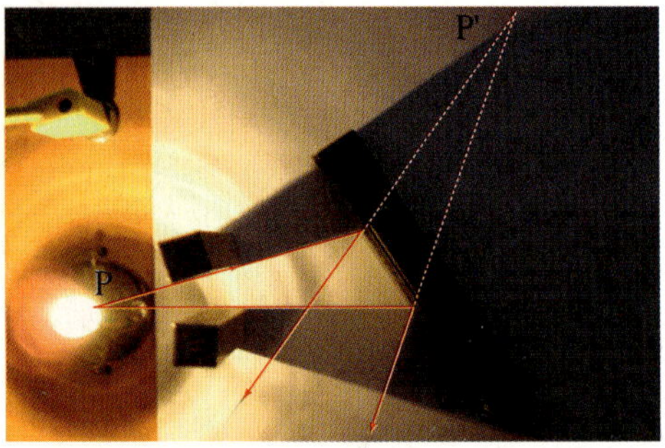

V1: Wir stellen eine Lampe vor einen Spiegel und erzeugen mit zwei Hindernissen ein Lichtbündel. Es wird vom Spiegel in eine Richtung reflektiert. Verlängern wir die Randlinien des Lichtbündels zurück, so treffen sie sich in P, am Ort des Lämpchens. Das wissen wir schon aus früheren Versuchen mit Schattenlinien.
Verlängern wir auch die Randlinien des reflektierten Lichtbündels hinter dem Spiegel, so treffen sie sich ebenfalls in einem Punkt P'.

Spiegelbilder

1. Das Auge wird getäuscht

Marc meldet sich, als der Lehrer nach einem mutigen Schüler fragt. Er darf sich hinter eine große Glasscheibe stellen. Auf dem Tisch stehen zwei Kerzen. Eine vor der Glasscheibe und eine gleich große dahinter. Der Lehrer stellt sich mit dem Rücken zur Klasse vor das Pult und verdeckt so die beiden Kerzen. Als er sich wegdreht, brennen beide Kerzen. Er bittet Marc nun, seinen Finger in die Flamme der Kerze hinter der Glasscheibe zu halten (➠ *Bild 1*). Mit schmerzverzerrtem Gesicht hält Marc den Finger über eine Minute lang knapp über die Flamme. Als er dann lächelnd zurück zu seinem Platz geht, wird es jedem klar. Das Schauspiel war fauler Zauber. Im ➠ *Bild 2* siehst du die Situation von der Seite – die zweite Kerze brennt nicht. Trotzdem sehen wir von vorne eine Flamme.

„Wir sehen die Flamme, weil Licht von ihr in unser Auge trifft", so Lea. „Wir sehen die zweite Flamme hinter der Glasscheibe, weil offenbar auch aus dieser Richtung Licht der Flamme in unser Auge trifft. Vielleicht geht das Licht einen Umweg."

➠ *Bild 3* zeigt uns solche Umwege. Ein Lichtbündel wird an der glatten Glasscheibe in nur eine Richtung gestreut. Wir nennen dies *Reflexion* wie beim Spiegel. Das reflektierte Lichtbündel trifft in unser Auge, und wir sehen die Flamme aus der Richtung des reflektierten Lichts. Dieses gilt von jedem Platz aus. Wir verschieben die Kerze hinter der Glasscheibe. Dabei stellen wir fest: Nur wenn die Kerze genau an der „richtigen" Stelle steht, sehen wir die Flamme am Docht. Sie steht dann genauso weit hinter der Glasscheibe, wie die erste Kerze davor. Außerdem muss die Verbindungslinie der beiden Kerzen senkrecht zur Glasscheibe verlaufen. Wir nennen die „falsche" Flamme das **Spiegelbild** der Flamme.

Die in ➠ *Bild 3* gezeichneten Lichtbündel zeigen die von uns durch Nachdenken gefundenen Lichtwege. Werden Lichtbündel wirklich auf diese Weise gespiegelt?

➔ *Versuch 1* bestätigt unsere Überlegungen voll: Das reflektierte Lichtbündel scheint vom Spiegelbild P′ aus zu kommen. Nachmessen zeigt: P und P′ liegen auf einer Senkrechten zum Spiegel und sie sind beide gleich weit vom Spiegel entfernt.

Merksatz

Das Spiegelbild eines Punktes erscheint senkrecht gegenüber der Spiegelfläche und im gleichen Abstand vom Spiegel wie der Punkt selbst.

V 2: Wir stellen eine Kerze als Lichtquelle und einen Holzklotz als Hindernis vor einem Spiegel auf.

2. Die „Spiegelwelt" hat interessante Eigenschaften

In ➔ *Versuch 1* erreichen zwei Lichtbündel das Auge des Beobachters. Eines davon kommt (scheinbar) aus der Spiegelwelt hinter dem Spiegel. Vor dem Spiegel verhalten sich beide Lichtbündel wie wirkliche Lichtbündel, die sich kreuzen. Dort wo sie sich überschneiden, ist es viel heller als bei nur einem Lichtbündel.

Noch deutlicher wird dies bei der Schattenbildung. In ➔ *Versuch 2* finden wir Halbschatten und Kernschatten, obwohl wir lediglich eine einzige Kerze entzündet haben. Ursache ist die Kerze in der Spiegelwelt. Auch der Holzklotz in der Spiegelwelt verhält sich wie ein wirklicher Gegenstand. Hinter jedem Hindernis gibt es zwei Schattenräume und einen Kernschattenbereich. Wir sehen also: Nicht nur jeder Lichtpunkt hat sein Gegenüber in der Spiegelwelt, auch jeden Schattenpunkt (Punkt ohne Licht) findet man entsprechend in der Spiegelwelt.

V 3: Wir betrachten Lisa und ihr Spiegelbild. Wir sehen Lisa von hinten und ihr Spiegelbild von vorne.

Wir stellen uns in ➔ *Versuch 3* selbst vor einen Spiegel und beschreiben unser eigenes Spiegelbild:

- Gehst du in die Hocke, so macht es dein Spiegelbild auch.
- Entfernst du dich vom Spiegel, so auch dein Spiegelbild.
- Zeigst du zum rechten Spiegelrand, so zeigt auch dein Spiegelbild zu diesem Spiegelrand.

Die Erklärungen dafür sind nicht schwer: Jeder Punkt unseres Gegenübers in der Spiegelwelt befindet sich auf einer Senkrechten zum Spiegel und zwar in gleichem Abstand hinter dem Spiegel, wie der Punkt in der wirklichen Welt davor. Also ist unser Spiegelbild stets genauso groß wie wir selbst.

➔ *Versuch 3* zeigt uns außerdem, was man mit „spiegelverkehrt" meint: Vorne und hinten sind vertauscht, oben und unten sowie links und rechts nicht.

Merksatz

Spiegelbilder sind genauso groß wie der Gegenstand.
Das Spiegelbild in der Spiegelwelt hat den gleichen Abstand zum Spiegel wie der Gegenstand.
Die Bilder sind aufrecht und seitenrichtig. Vertauscht sind allerdings vorne und hinten.

Mach's selbst

A 1: Eine punktförmige Lichtquelle sendet das angedeutete Lichtbündel aus. Übertrage die Skizze in dein Heft und zeichne den weiteren Verlauf des Lichtbündels.

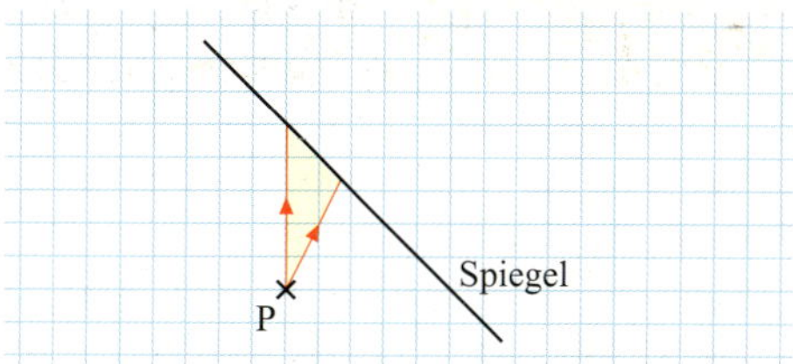

A 2: Im Bild zu ➔ *Versuch 3* siehst du eine Person, ihr Gegenüber in der Spiegelwelt und den Spiegel. Begründe: Der Spiegel kann kleiner als die Person sein und trotzdem sieht sie ihr vollständiges Spiegelbild. *Hilfe:* Mache eine Skizze von der Seite.

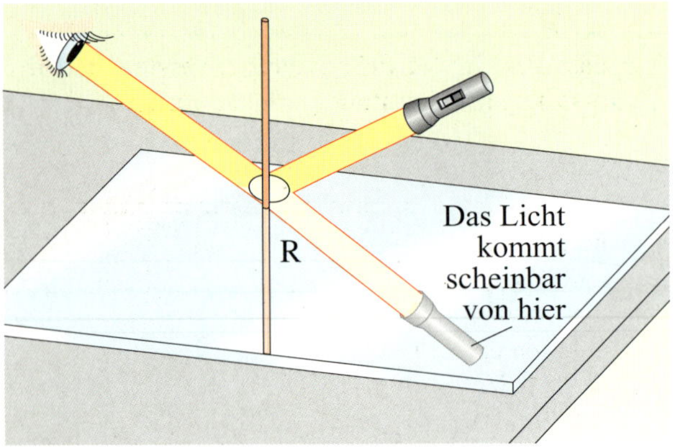

B1: Taschenspiegel mit „Lot".

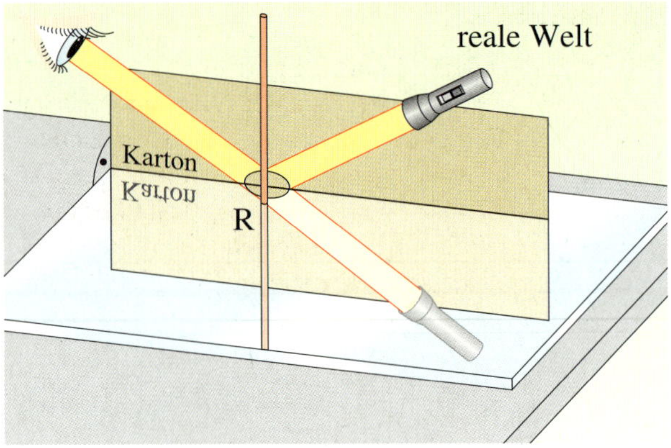

V1: Mit einem Karton können wir den Lichtweg sehen.

V2: Ein schmales Lichtbündel einer Lampe trifft einen Spiegel in der Mitte einer Winkelscheibe. Die schwarze Linie auf der Scheibe senkrecht zum Spiegel heißt *Lot*. Wir achten darauf, dass in allen Versuchen das schmale Lichtbündel stets am Lot auf den Spiegel trifft. Der Winkel α zwischen dem einfallenden Lichtbündel und dem Lot heißt *Einfallswinkel*. In der Abbildung beträgt er $\alpha = 40°$. Der Winkel β zwischen dem reflektierten Lichtbündel und dem Lot heißt *Reflexionswinkel*. Er beträgt in der Abbildung ebenfalls $\beta = 40°$.

Wir drehen die Winkelscheibe mit dem Spiegel. Nacheinander stellen wir so für den Winkel α in 10°-Schritten alle Winkel von 0° bis 90° ein. Wir messen jeweils den zugehörigen Winkel β des reflektierten Lichtbündels. Wir stellen fest, dass für alle Winkelpaare gilt: $\alpha = \beta$. Einfallswinkel und Reflexionswinkel sind stets gleich groß.

Das Reflexionsgesetz

1. Die Reflexionsrichtung ist vorhersagbar

Du hast sicherlich schon einmal versucht mit einem Geodreieck oder einer Armbanduhr Licht der Sonne zu reflektieren, um damit einen Mitschüler zu blenden. Mit einfachen Versuchen wollen wir herausfinden, ob man die Richtung des reflektierten Lichtbündels vorhersagen kann.

Im ➠ *Bild 1* ist ein Strohhalm senkrecht zur Oberfläche auf einen Taschenspiegel geklebt. Mit einer Taschenlampe zielen wir schräg auf den Fußpunkt des Strohhalmes. Mit einem Stück Karton versuchen wir die Wege des Lichtbündels vor und nach der Reflexion sichtbar zu machen. Dies gelingt nach ➠ *Versuch 1*. Wir sehen auf dem Karton die vollständige Spur des Lichtbündels dann, wenn wir den Karton senkrecht zur Spiegeloberfläche halten. Einfallendes Lichtbündel und reflektiertes Lichtbündel verlaufen also in der Ebene des Kartons senkrecht zum Spiegel.

Weil beide Lichtbündel in einer Ebene verlaufen, können wir die weiteren Versuche auf dem Tisch oder an einer Wand durchführen. Dazu muss lediglich der Spiegel senkrecht zu dieser Unterlage liegen. In ➠ *Versuch 2* trifft ein schmales Lichtbündel auf einen Spiegel. Die Senkrechte zum Spiegel im Auftreffpunkt des Lichtbündels heißt **Lot**. Wir messen jeweils die beiden Winkel α (**Einfallswinkel**) und β (**Reflexionswinkel**). Das Ergebnis ist ein überraschend einfaches **Naturgesetz**: Einfallswinkel und Reflexionswinkel sind stets gleich groß.

Merksatz

Für schmale Lichtbündel gilt das **Reflexionsgesetz:**
1. Einfallendes und reflektiertes Bündel liegen stets in einer Ebene senkrecht zum Spiegel.
2. Einfallswinkel und Reflexionswinkel sind immer gleich groß.

Interessantes

Reflektoren sind besondere Spiegel

Schaue dir einen Reflektor am Fahrrad etwas genauer an. Du stellst fest, dass es sich dabei nicht um einen üblichen Spiegel handelt. Vielmehr besteht er aus vielen kleinen ebenen Flächen, die immer wieder in gleicher Weise angeordnet sind.

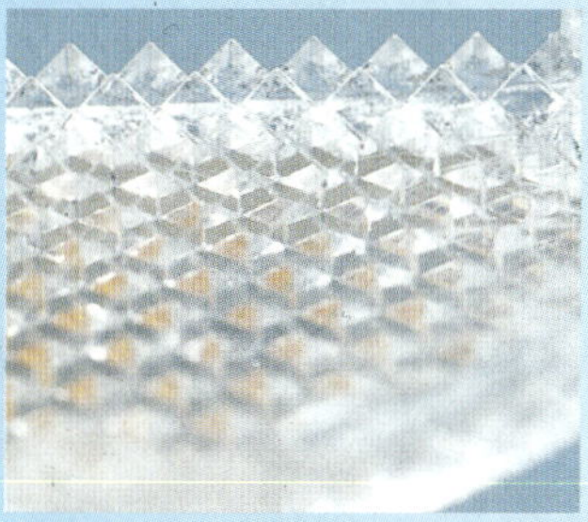

Wir betrachten zwei Spiegel, die im rechten Winkel zueinander aufgestellt sind. Ein schmales Lichtbündel trifft in einen solchen **Winkelspiegel**.

Im Kreidestaub erkennen wir den Lichtweg: Zunächst trifft das Lichtbündel auf den ersten Spiegel und wird von diesem auf den zweiten reflektiert. Dieser reflektiert das Bündel ein zweites Mal. Das Foto zeigt, dass das Lichtbündel parallel zum ersten, d. h. in die ursprüngliche Richtung zurückgeworfen wird.

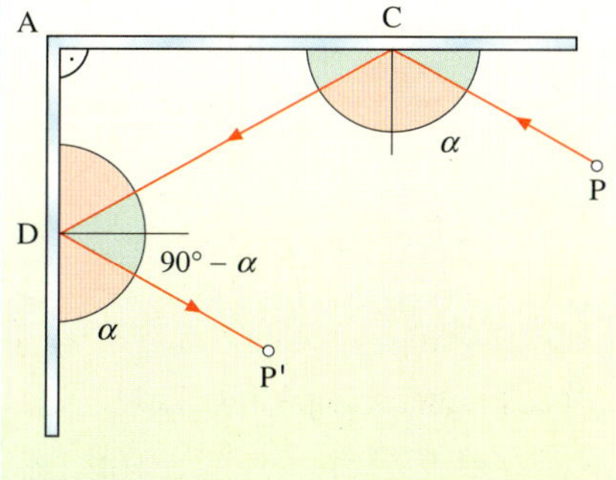

Folgende Zeichnung liefert die Erklärung: Das von P ankommende Licht trifft auf den ersten Spiegel. Einfallswinkel und Reflexionswinkel müssen gleich groß sein (rot gefärbt). Bei der Reflexion am zweiten Spiegel gilt das Gleiche (diesmal sind die Winkel grün gefärbt). Nachmessen mit dem Geodreieck zeigt, dass das Licht immer parallel zum ankommenden zurückgeworfen wird. Dabei spielt es keine Rolle, wie groß der erste Einfallswinkel ist.

Reflektoren spiegeln jedes ankommende Lichtbündel immer so, dass es in Richtung der Lichtquelle zurückgeht. Im Dunkeln gelangt also auf jeden Fall Licht vom Reflektor des Fahrrades ins Auge des Autofahrers.

Mach's selbst

A1: Das Bild zeigt einen der bekanntesten Berge der Alpen, das Matterhorn, und sein Spiegelbild. Erkläre, warum wir das Spiegelbild auf dem Kopf stehend sehen.

A2: a) Wir beschriften eine durchsichtige Folie und stellen sie mit der beschriebenen Seite vor einen Spiegel. Das von uns richtig geschriebene Wort

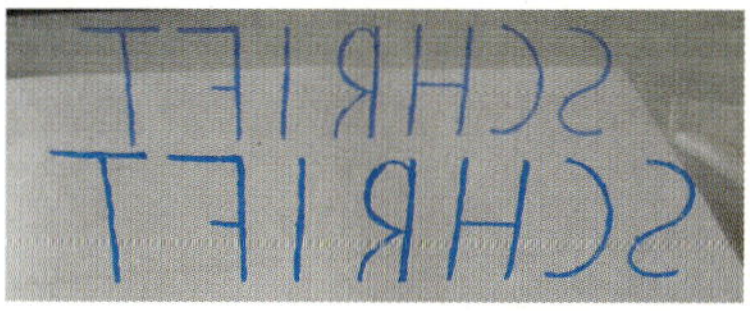

„SCHRIFT“ erscheint im Spiegel als „Spiegelschrift“. Erkläre, warum das Wort in der Spiegelwelt mit T beginnt. **b)** Schreibe das Wort „LICHT“ in Spiegelschrift.

A3: Im Mathematikunterricht hast du vielleicht schon die Achsenspiegelung kennengelernt. Auch dort spricht man von Spiegelpunkt und Punkt. Vergleiche die Aussagen über Lage des Spiegelpunktes und über die Größe der gespiegelten Figuren mit den Aussagen über die Spiegelwelt, die du im Physikunterricht erfahren hast.

A4: *(zu Interessantes)* Astronauten haben auf dem Mond einen Spiegel aufgestellt, der Laserlicht zur Erde zurückreflektieren kann. Warum besteht dieser Spiegel aus vielen Winkelspiegeln und nicht aus einem großen flachen Spiegel?

A5: Übertrage die Zeichnung in dein Heft (zähle dazu Kästchen). Der Beobachter sieht die Bildpunkte zu P und Q in der Spiegelwelt. Zeichne jeweils die beiden Lichtbündel ein.

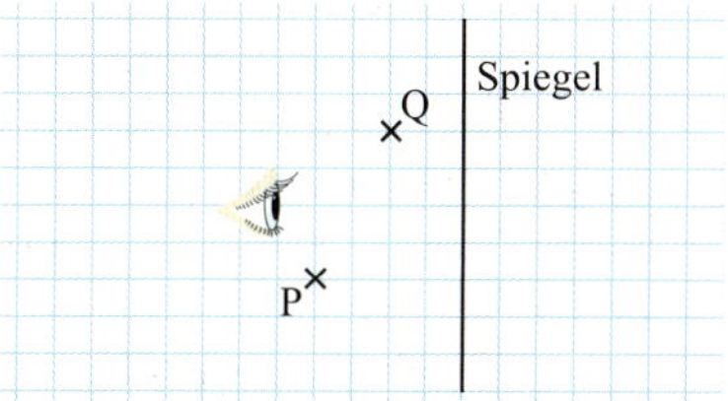

B1: Auf dem durchscheinenden Kunststoffdeckel erscheint ein Bild der Lampe.

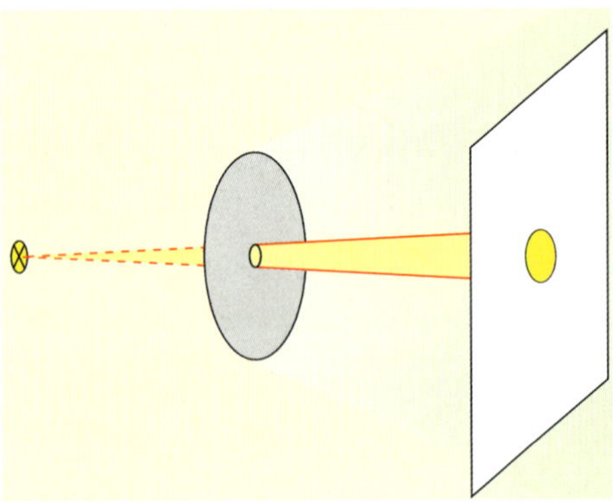

V1: Im verdunkelten Raum wird eine kleine Lampe vor eine Lochblende gestellt. Hinter der Blende entsteht auf der Mattscheibe (genannt Schirm) ein Lichtfleck in der Form der Lochblende.

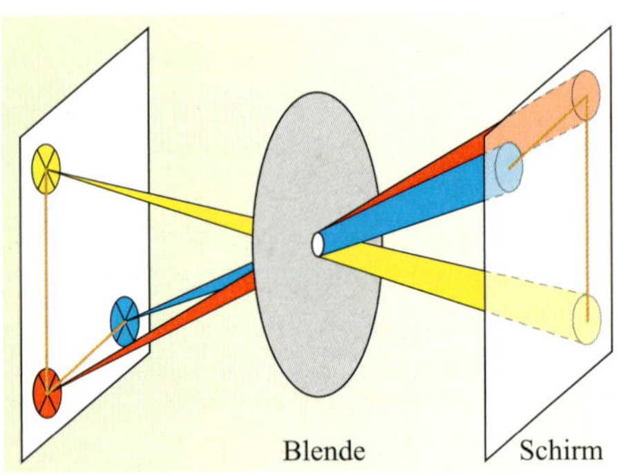

V2: Drei verschiedenfarbige Lämpchen hinter einer Pappscheibe bilden ein „L". Sie werden vor eine Lochblende gestellt. Sie erzeugen auf dem Schirm drei Lichtflecke jeweils in der Form der Lochblende. Außerdem haben die Lichtflecke die gleiche Farbe wie das entsprechende Lämpchen. Verdeckt man die rote Lampe, so bleiben die beiden anderen Flecke unverändert.

Die Lochkamera

1. Wir bauen die einfachste Kamera der Welt

Jana und Lukas entdecken in einer Zeitschrift die Bauanleitung für die einfachste Kamera der Welt. In den Blechboden einer leeren Dose Kartoffelchips stoßen sie mit einem Nagel ein Loch. In Ihrem Zimmer, bei heruntergelassenem Rollladen, schalten sie Janas Biene-Maja-Lampe ein – und wirklich, auf dem durchscheinenden, milchigen Deckel aus Kunststoff erscheint ein Bild der Lampe ➠ *Bild 1*. Lukas und Jana sind begeistert. Nicht nur dass man Details auf dem Bild erkennt, es ist auch noch farbig. Ihnen fällt auf, dass auf dem Bild die Figur auf dem Kopf steht und dass auch die Seiten vertauscht sind.

Merksatz

Die Lochkamera erzeugt Bilder. Die Bilder sind farbig, höhen- und seitenverkehrt.

2. Wie entsteht das Bild in der Lochkamera?

Jana und Lukas fragen sich, wie ein kleines Loch im Blechboden ein Bild erzeugen kann. Die Biene-Maja-Lampe ist ein ziemlich kompliziertes Gebilde. Betrachten wir zunächst eine einfache Lampe. Nach ➠ *Versuch 1* platzt es aus Lukas heraus: „Das Lämpchen beleuchtet vor der Blende den ganzen Raum. Hinter der Blende bleibt dann nur noch ein Lichtbündel. Das ist wie beim Schatten. Der Lichtfleck auf dem Schirm hat dann die Form der Lochblende." Die drei farbigen Lämpchen in ➠ *Versuch 2* bilden ein einfaches Muster. Jana erkennt: „Der Lichtfleck zum gelben Lämpchen ist unten auf dem Schirm, die beiden anderen Lichtflecke sind oben und haben ihre Seiten vertauscht. Das liegt daran, dass sich die drei Lichtbündel in der Lochblende kreuzen müssen." Nach kurzem Nachdenken ergänzt Lukas: „Du hast recht. Die Lichtbündel kreuzen sich. Deswegen werden die Seiten vertauscht. Das rote Licht stört dabei das blaue nicht. Der blaue Fleck bleibt unverändert, auch wenn man das rote Licht ausschaltet."

Damit verstehen wir jetzt, wie das Bild eines Gegenstandes in der Lochkamera zustande kommt:

Wir stellen uns dazu einfach vor, dass von jedem Punkt des beobachteten Gegenstandes Licht in die Lochkamera gelangt. Jeder Punkt erzeugt dann einen Lichtfleck in der Form der Lochblende. Alle diese Lichtflecke überlappen sich dann auf dem Schirm und setzen sich zu einem Muster zusammen, das dem beobachteten Gegenstand gleicht. ➠ *Bild 2.*

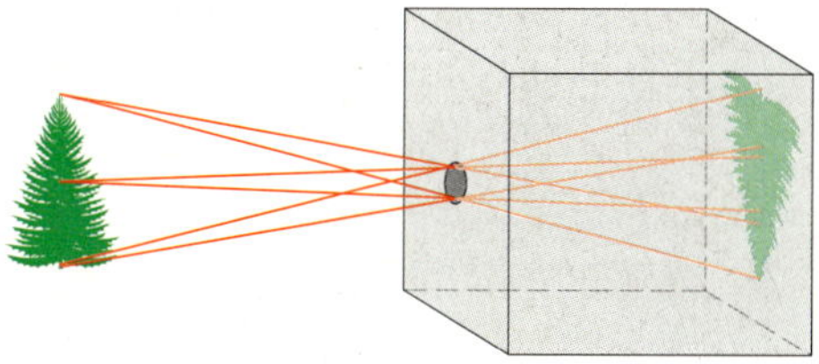

B 2: Bildentstehung in der Lochkamera.

3. Wir machen die Bilder größer – heller – schärfer

Bisher konnten wir mit unserer Kamera lediglich selbst leuchtende Gegenstände im verdunkelten Raum beobachten, weil auch Licht von hinten auf die Mattscheibe fiel. Im ➠ *Projekt* verbessern wir unsere Lochkamera durch eine zusätzliche Papprolle. Mit dieser Kamera können wir auch im Freien Bäume, Autos und Menschen beobachten. Außerdem können wir mit dieser Kamera experimentieren und das Bild verändern.

- Wir ziehen während des Beobachtens die Pappröhre mit dem Deckel etwas vom Loch weg. Das Bild des Gegenstandes wird jetzt größer. Die Erklärung dafür erkennen wir im ➠ *Bild 3a*: Die einzelnen Lichtflecke wandern weiter auseinander.
- Mit einer Schere vergrößern wir das Loch im Blechdeckel. Das Bild wird heller, aber auch verschwommen – unschärfer sagt man in der Physik. Im ➠ *Bild 3b* erkennen wir die Ursache. Eine größere Lochblende erzeugt größere Lichtflecke. Von jedem Gegenstandspunkt gelangt also mehr Licht auf den Schirm – das Bild wird heller. Wir erkennen aber auch, dass sich größere Lichtflecke stärker überlappen – verschiedene Gegenstandspunkte haben keine getrennten Bildflecke mehr, wir sehen das Bild unscharf.

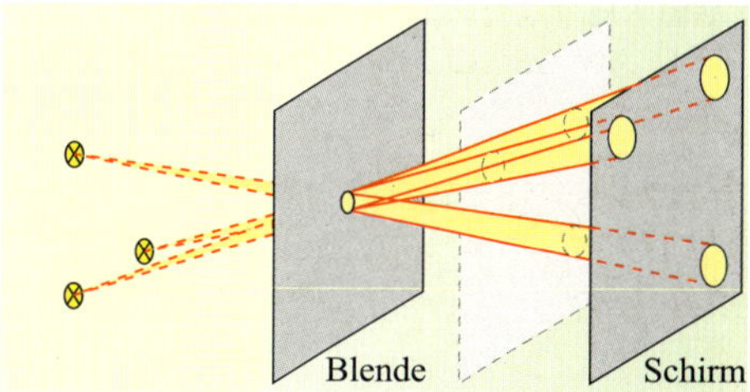

B 3a: Der Abstand des Schirmes wird vergrößert.

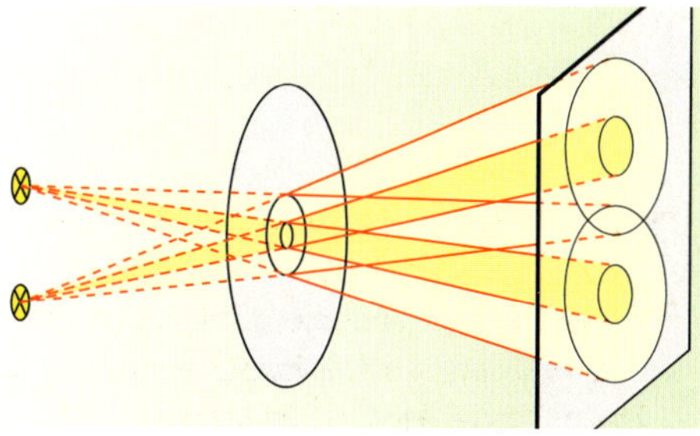

B 3b: Die Öffnung der Lochblende wird vergrößert.

Merksatz

Die Lochkamera erzeugt von jedem Gegenstandspunkt einen Lichtfleck auf dem Schirm. Diese Lichtflecke setzen sich zum Bild zusammen. Je größer der Abstand des Schirmes von der Lochblende, desto größer ist das Bild. Je größer die Lochblende, desto heller ist das Bild, aber auch unschärfer.

Mach's selbst

A 1: Wie ändert sich das Bild in der Lochkamera, wenn du **a)** ein dreieckiges Loch verwendest, **b)** die Entfernung zum Gegenstand verringerst?

Projekt

Bau einer verbesserten Lochkamera

Forme aus schwarzer Pappe eine zweite Röhre, die du in die Chipsdose schieben kannst. Schneide den Deckel der Chipsdose mit einer Schere etwas kleiner, damit er in die Pappröhre passt. Falls der Deckel nicht milchig ist, beklebe ihn mit einer Folie eines Butterbrotbeutels.

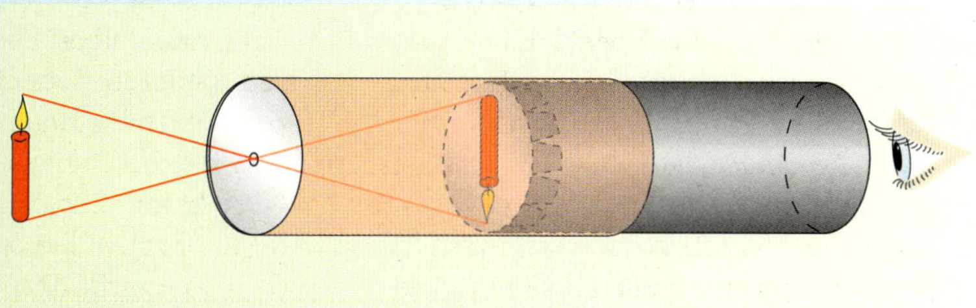

B1: Ein aufgeschnittener Fotoapparat

B2: Mit Linsen kann man helle und scharfe Bilder erzeugen

B3: Linsen in der Physik

V1: Wir bauen unsere Lochkamera zu einem Fotoapparat um (➠ *Bild 2*). Anstelle der Lochblende verwenden wir eine Linse, die von einer Pappscheibe umgeben ist. Zum Auffangen des Bildes verwenden wir ähnlich wie bei der Lochkamera eine Scheibe aus milchigem Kunststoff. Eine Kerzenflamme dient als Gegenstand. Ohne den Raum zu verdunkeln, erkennen wir auf dem Schirm das Bild der Flamme.

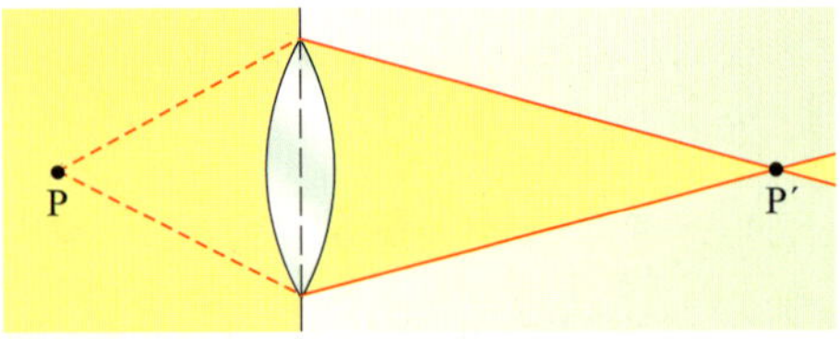

V2: Ein Lämpchen (P) erzeugt Licht. Die Linse erzeugt ein Lichtbündel, das sich so stark verengt, dass es in einem Punkt P′ gesammelt wird.

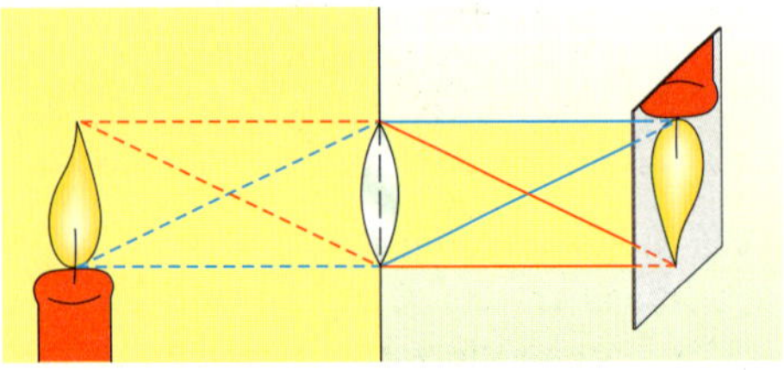

B4: Entstehung des Linsenbildes

Linsen erzeugen Bilder

1. Linsenbilder sind scharf

Mit unserer Lochkamera konnten wir Bilder von beleuchteten Gegenständen erzeugen. Ein Fotoapparat sieht aufgeschnitten so ähnlich aus, allerdings sitzt in der Öffnung der Lochblende ein Körper aus Glas (➠ *Bild 1*). Wegen seiner Form (innen dick und außen dünn) wird er nach einer Hülsenfrucht **Linse** genannt (➠ *Bild 3*).

Wir bauen im ➠ *Versuch 1* einen Fotoapparat nach. Auf der Scheibe aus Kunststoff (in der Physik **Schirm** genannt) erkennen wir ein helles und gleichzeitig scharfes Bild der Kerzenflamme. Wie bei der Lochkamera ist das Bild höhen- und seitenverkehrt. Gleichzeitig ist es hell und scharf. Wie ist das möglich?

Im Unterschied zu unserer selbst gebauten Lochkamera, in der nur ein kleines Loch Licht hindurch lässt, ist die Linsenöffnung viel größer. Damit gelangt also mehr Lichtenergie auf den Schirm, d. h. das Bild ist viel heller. Wie kann es sein, dass das Bild trotzdem scharf bleibt? In der Lochkamera wurde jedem Punkt des Gegenstandes ein Lichtfleck auf dem Schirm zugeordnet. Wir untersuchen im ➠ *Versuch 2*, was eine Linse mit einem Lichtbündel macht: Eine Linse verformt ein Lichtbündel so, dass es in einem Punkt P′ hinter der Linse gesammelt wird. Stellt man also den Schirm hinter der Linse genau an die Stelle P′, so entsteht auf dem Schirm ein heller Punkt. Ein zweites Lichtbündel erzeugt einen anderen hellen Punkt auf dem Schirm.

Damit verstehen wir die Entstehung von Linsenbildern (➠ *Bild 4*): Von jedem Punkt des Gegenstandes gelangt ein Lichtbündel durch die Linse. Auf dem Schirm erzeugt jedes dieser Lichtbündel jeweils einen hellen Punkt. Diese Punkte setzen sich zum Bild zusammen.

Merksatz

Linsen erzeugen scharfe Bilder. Jedem Gegenstandpunkt wird durch die Linse ein Bildpunkt zugeordnet.

2. Bildpunkt gesucht

Wir haben im ➠ *Versuch 2* gesehen, dass eine Linse alles Licht, das von einer punktförmigen Lichtquelle durch sie hindurchgeht, in einem Punkt sammeln kann. Wir wollen nun durch Experimentieren herausfinden, ob dies immer in gleicher Weise geschieht. Dazu verändern wir im ➠ *Versuch 3* die Position unserer punktförmigen Lichtquelle P vor der Linse und sehen, dass P′ wandert:

- Je weiter wir die Lichtquelle von der Linse entfernen, desto näher rückt P′ auf der anderen Seite an die Linse heran.
- Selbst bei sehr großer Entfernung der Lichtquelle von der Linse, rückt P′ nicht näher als 5 cm an die Linse heran.

Wir bezeichnen die kürzeste Entfernung des Sammelpunktes P′ von der Linse mit **Brennweite** *f* der Linse. Linsen dieser Art nennen wir **Sammellinsen**. Unsere benutzte Linse hat also die Brennweite $f = 5$ cm.

Im ➠ *Versuch 4* schieben wir die Lichtquelle immer näher an die Linse heran. Wir stellen fest:

- Je näher die Lichtquelle an die Linse heranrückt, desto weiter entfernt sich P′ von der Linse.
- Ist die Lichtquelle näher an der Linse als ihre Brennweite *f*, so kann die Linse das Licht nicht mehr in einem Bildpunkt sammeln.
- Hat die Lichtquelle genau die Entfernung *f* von der Linse, so verlaufen die Randlinien hinter der Linse exakt parallel. Das heißt, auch dann kann die Linse das Licht nicht bündeln.

Wir wiederholen die Versuche mit einer Linse, die stärker gewölbt ist. Wir finden vergleichbare Ergebnisse, allerdings ist die Brennweite der Linse kleiner. Die Brennweite einer Sammellinse ist umso kürzer, je stärker sie gewölbt ist.

Verbinden wir P und P′ mit einem Lineal, so stellen wir fest, dass in allen Beispielen die Gerade PP′ jeweils durch den Linsenmittelpunkt verläuft.

Merksatz

Eine Sammellinse kann das Licht einer punktförmigen Lichtquelle in einem Bildpunkt sammeln, wenn die Lichtquelle weiter von der Linse entfernt ist als die Brennweite der Linse.

Die Sonne können wir als eine extrem weit entfernte Lichtquelle ansehen. Eine Sammellinse wird dann alles Licht, das durch sie hindurchgeht, in der Brennweite bündeln (➠ *Versuch 5*). Ein Blatt Papier beginnt dort zu verbrennen. Aus diesem Grund nennt man eine Sammellinse auch *Brenn*glas, die Entfernung von der Linse folglich *Brenn*weite.

Je größer der Durchmesser der Linse ist, desto mehr Licht wird gesammelt, desto schneller entzündet sich das Papier.

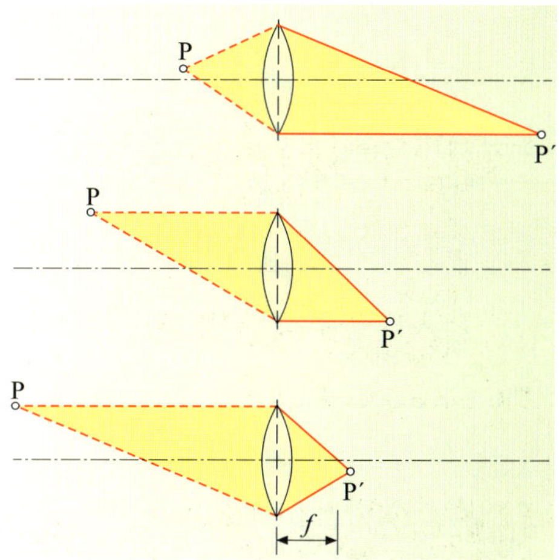

V3: Wir vergrößern den Abstand zwischen einer punktförmigen Lichtquelle und der Linse.

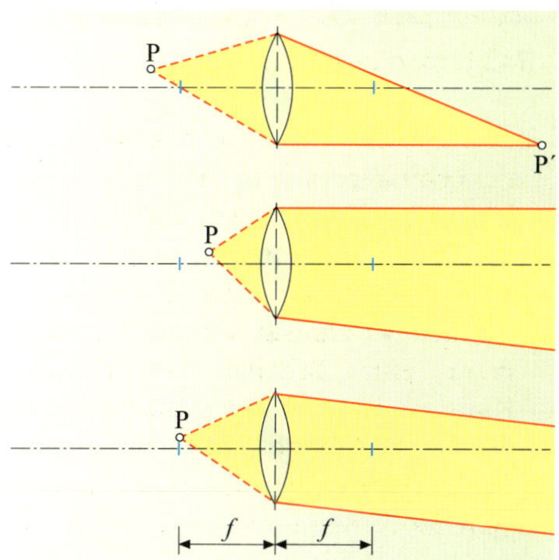

V4: Wir rücken die Lichtquelle näher an die Linse heran.

V5: Mit einer Sammellinse bündeln wir das Sonnenlicht. Ein Blatt Papier im Abstand der Brennweite wird im Sammelpunkt P′ so heiß, dass es sich entzündet.

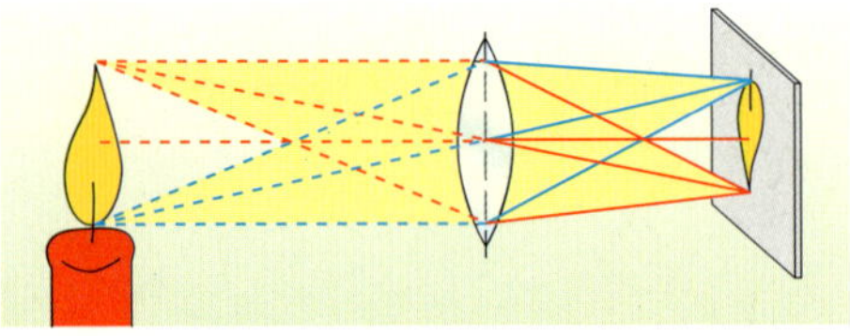

B 1: Bildentstehung bei der Sammellinse

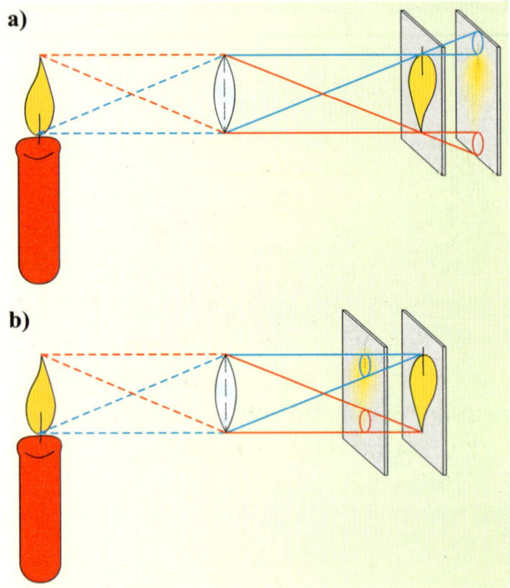

V 1: Verschiebt man den Schirm aus der richtigen Position, so erzeugt die Linse Lichtflecke auf dem Schirm.

B 2: Versuchsaufbau zur Untersuchung der Bildgröße

Gegenstandsgröße	Abstand zur Linse	Bildabstand	Bildgröße
1 cm	3 cm	–	–
1 cm	6 cm	30 cm	5 cm
1 cm	10 cm	10 cm	1 cm
1 cm	15 cm	7,5 cm	0,5 cm
1 cm	20 cm	7 cm	0,3 cm
1 cm	30 cm	6 cm	0,2 cm

T 1: Messwerte; Linsenbrennweite: 5 cm

3. Linsen haben auch einen Nachteil

Lochkamera und Linse erzeugen beide höhen- und seitenverkehrte Bilder. Bei der Lochkamera wird jedem Gegenstandspunkt ein Lichtfleck zugeordnet, bei der Linse jeweils ein Lichtpunkt (➠ *Bild 1*). *Vorteil* bei der Linsenabbildung: Bilder sind scharf und hell, weil durch ihre große Öffnung viel Licht gelangt. Deshalb verwendet man beim Fotoapparat Linsen und nicht nur eine Lochblende.

Verschiebt man bei der Lochkamera den Schirm, so werden die Bilder stufenlos kleiner oder größer. Was geschieht aber, wenn man bei der Linsenabbildung den Schirm verschiebt?

Im ➠ *Versuch 1* betrachten wir das Linsenbild einer Flamme bei verschiedenen Positionen des Schirms: Nur wenn der Schirm an der richtigen Stelle steht, nämlich dort wo die Linse jeweils die Lichtbündel sammelt, erhält man scharfe Bilder. In jeder anderen Entfernung von der Linse entstehen Lichtflecke auf dem Schirm wie bei der Lochkamera – das Bild ist unscharf. Damit haben wir den *Nachteil* bei der Linsenabbildung erkannt. Um scharfe Bilder zu erhalten, muss der Schirm auf die richtige Stelle geschoben werden.

Merksatz

Nur bei der richtigen Entfernung zwischen Schirm und Linse erhält man bei der Linsenabbildung (Fotoapparat) scharfe Bilder.

Die meisten modernen Fotoapparate übernehmen diese Scharfstellung automatisch, bevor das Bild aufgenommen wird. Dazu wird mit einem eingebauten Motor der Linsenabstand vom Film bzw. Speicherchip verändert. Bei älteren Modellen muss man dies durch Drehen an der Linse mit der Hand erledigen.

4. Bildgröße bei der Linsenabbildung

Die Bildgröße bei der Linsenabbildung hängt sicherlich von der Entfernung des Gegenstandes von der Linse ab. Wir untersuchen dies mit dem im ➠ *Bild 2* dargestellten Versuchsaufbau durch eine Versuchsreihe. Als Gegenstand benutzen wir den leuchtenden Buchstaben „F" an der Lampe. Er ist genau 1 cm hoch. Die benutzte Linse hat die Brennweite 5 cm. Wir stellen den Gegenstand zunächst im Abstand 10 cm vor der Linse auf. Wir schieben den Schirm an die Stelle, an der das Bild scharf ist. Mit dem Geodreieck messen wir die Höhe des Bildes. Auf der Skala an der Schiene lesen wir die Entfernung des Schirmes von der Linse (Bildabstand) ab. Wir wiederholen den Vorgang nacheinander für die folgenden Abstände des Gegenstands von der Linse: 15 cm, 20 cm, 30 cm, 6 cm und 3 cm. Jedes Mal verschieben wir den Schirm so weit, bis das Bild scharf ist. Wir tragen die Messwerte in eine Tabelle ein. Unsere Ergebnisse sind in ➠ *Tabelle 1* aufgelistet.

Aus den Messwerten können wir viele Aussagen ablesen:

- Ist der Abstand zwischen Gegenstand und Linse zu klein (kleiner als *f*), so entsteht kein Bild. (Das wussten wir schon, weil Linsen das Licht aus kurzer Entfernung nicht bündeln können.)
- Wenn Gegenstand und Bild gleich weit von der Linse entfernt sind (doppelte Brennweite), dann ist das Bild so groß wie der Gegenstand.
- Je weiter der Gegenstand von der Linse entfernt ist, desto näher rückt das Bild an die Linse, und umso kleiner wird das Bild.
- Bilder sind immer weiter als die Brennweite von der Linse entfernt.

Den Zusammenhang zwischen der Gegenstandsentfernung und Bildgröße erkennen wir leicht im Diagramm im ➠ *Bild 3*:

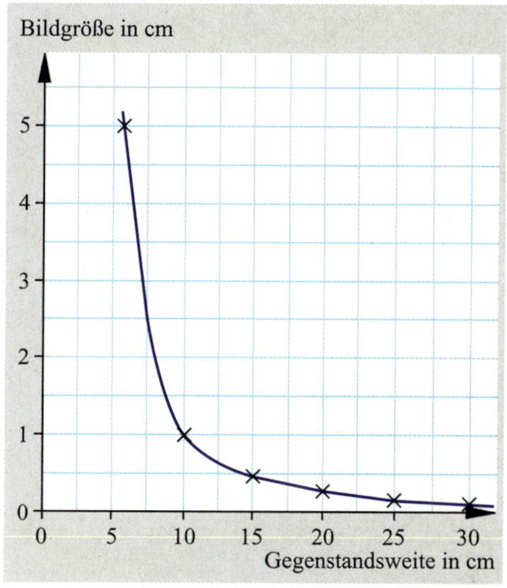

B3: Wir tragen die Messwerte im Diagramm auf: die Abstände des Gegenstands auf der Rechtsachse, die zugehörigen Messwerte der Bildgröße auf der Hochachse.

Merksatz

Linsenbilder sind umso größer, je näher der Gegenstand an der Linse steht.

Beim Fotografieren hat man es meist mit sehr großen Entfernungen zum Gegenstand zu tun. Daher passen die kleinen Linsenbilder auch auf den Film.

Mach's selbst

A1: In der Physiksammlung findest du eine Reihe von Linsen. Sie unterscheiden sich in ihrer Krümmung und in ihrem Durchmesser.

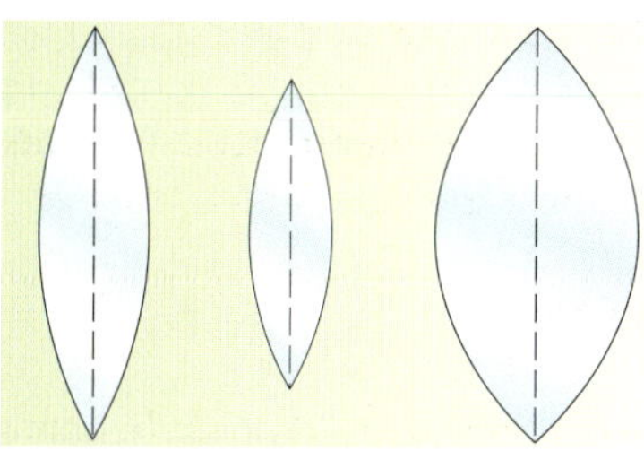

Du willst damit das Licht einer Kerze sammeln. Was stellst du fest?

A2: Lochkamerabilder sind dunkel und immer auch etwas unscharf. Linsenbilder dagegen sind hell und scharf. Erkläre noch einmal mit eigenen Worten, warum das der Fall ist.

A3: In deinem neuen Mäppchen befindet sich eine Linse (Lupe) aus Kunststoff. Du willst ihre Brennweite bestimmen. Wie gehst du vor?

A4: Du willst mit einer Linse der Brennweite 5 cm Bilder erzeugen. Der Gegenstand hat die Größe 1 cm. a) Lies aus ➠ *Bild 3* ab, wie groß das scharfe Bild ist, wenn der Gegenstand 12 cm bzw. 18 cm vor der Linse steht. b) Lies ebenfalls aus ➠ *Bild 3* ab, wie weit entfernt der Gegenstand vor der Linse etwa stehen muss, damit das Bild 2 cm groß wird.

A5: Du willst mit einer Linse scharfe Bilder erzeugen. Die Linse hat die Brennweite 6 cm. Das Bild soll genauso groß sein wie der Gegenstand. **a)** Wie weit musst du den Gegenstand vor die Linse stellen und wie weit musst du dann den Schirm hinter die Linse stellen? **b)** Du schiebst den Gegenstand näher an die Linse heran. In welche Richtung musst du den Schirm verschieben und wie ändert sich dabei die Bildgröße? Zeichne verschiedene Fälle und begründe deine Aussage.

A6: Digitalkameras sind sehr dünn gebaut, damit sie leicht in der Hosentasche Platz finden. Will man damit eine Aufnahme machen, so fährt zu Beginn ein Motor über ein Gestänge die Linse aus. Warum muss die Linse ausgefahren werden?

A7: Amelie wird von ihrer Mutter angewiesen, während ihrer Abwesenheit die Blumen im Garten zu gießen. „Wassertropfen wirken wie Linsen, deshalb gieße die Blumen nicht bei vollem Sonnenschein, die Blätter nehmen sonst Schaden." Hat Amelies Mutter recht?

A8: Schiebt man den Schirm bei der Linsenabbildung etwas zu nahe an die Linse heran, so ist das Bild unscharf. Stellt man jedoch eine Lochblende vor die Linse, dann wird das Bild auf dem Schirm trotz der falschen Position fast scharf. **a)** Erkläre mithilfe einer Zeichnung. **b)** Welchen Nachteil hat die Lochblende für das Bild?

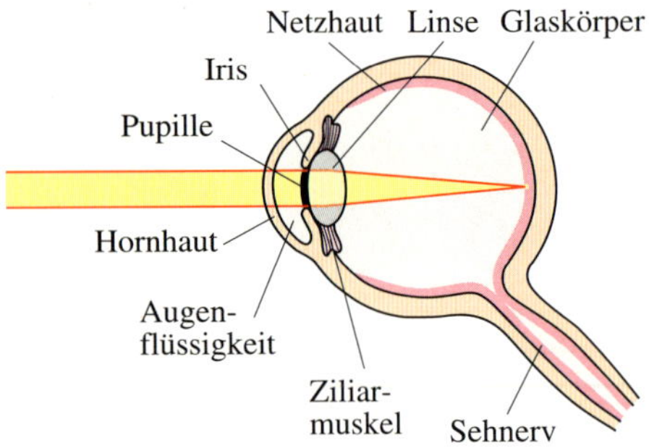

B 1: Schnitt durch das menschliche Auge.

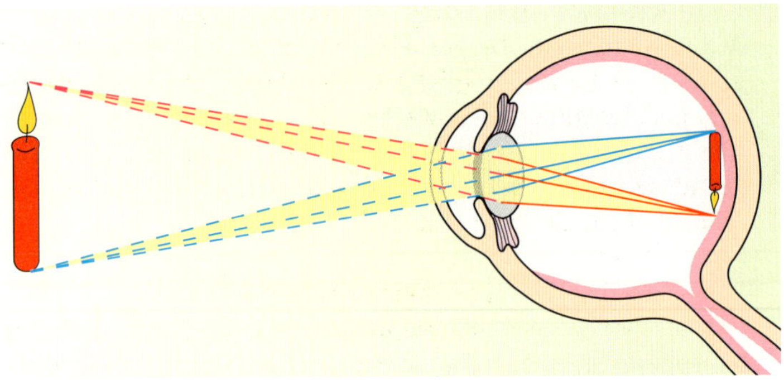

B 2: Bildentstehung im Auge.

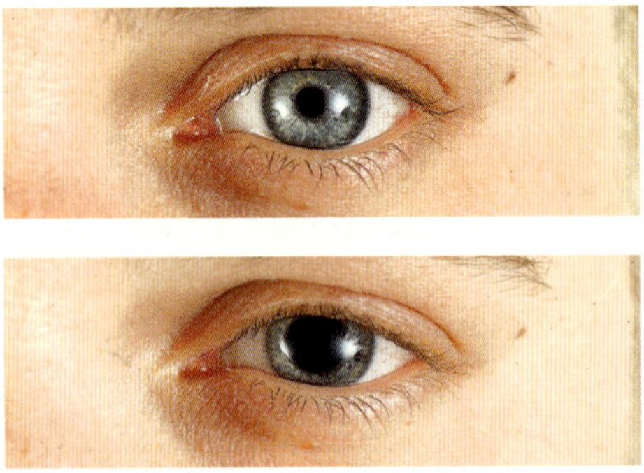

V 1: a) Betrachte die Pupille eines Mitschülers. Sie ist zunächst nur wenig geöffnet. **b)** Bitte nun deinen Mitschüler ein Auge mit der hohlen Hand etwa eine Minute lang zuzuhalten. Nachdem er die Hand entfernt hat, betrachtest du wieder seine Pupille – sie ist jetzt weit geöffnet. Über einen Muskel wurde die Pupillenöffnung vergrößert. Das Gehirn versucht so, mehr Licht auf die Netzhaut zu lassen, damit die Netzhautbilder möglichst hell werden.

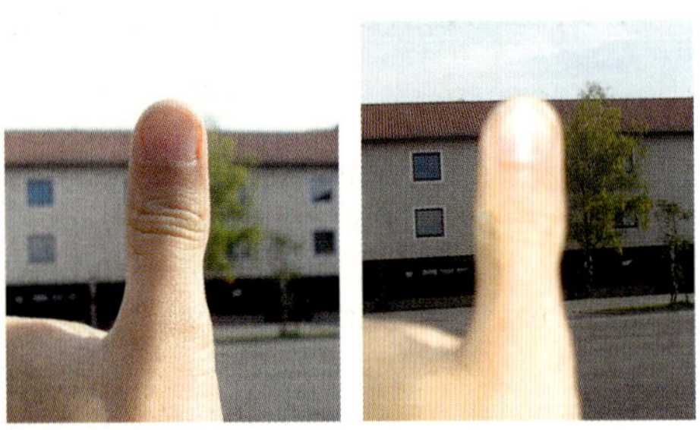

V 2: Schließe ein Auge. Halte einen Daumen mit angewinkeltem Arm etwa 30 cm vor dein anderes Auge. **a)** Betrachte deinen Daumen. Du siehst den Hintergrund nur unscharf (verschwommen). **b)** Betrachte nun den Hintergrund. Dabei stellst du fest, dass nun der Daumen unscharf erscheint.

Das Auge

1. Die Optik des menschlichen Auges

Du kennst den Aufbau des menschlichen Auges vielleicht schon aus dem Biologieunterricht. ➠ *Bild 1* zeigt die wichtigsten Bestandteile in vereinfachter Form. Aus physikalischer Sicht ist das Auge vergleichbar mit einem **Fotoapparat:**

Das Licht durchdringt beim Eintritt ins Auge die Hornhaut, die Augenflüssigkeit, die Linse und den Glaskörper. Diese vier durchsichtigen einzelnen Bestandteile wirken zusammen wie eine Linse. Licht eines weit entfernten Gegenstandes bündelt sie im Abstand von etwa 23 mm hinter der Hornhaut. Dort befindet sich die Netzhaut. Auf ihr entsteht das optische Bild des Gegenstandes. Die *Netzhaut* besteht aus einer Vielzahl lichtempfindlicher Elemente. Sie empfangen das Licht und leiten es über viele Verästelungen zum *Sehnerv*, der die Information zum Gehirn weiterleitet.

Die *Iris* ist eine farbige Haut mit einer kreisrunden Öffnung, der *Pupille.* Die Öffnung kann mit einem Muskel verkleinert werden. Das Gehirn (➠ *Versuch 1*) steuert mit ihr die Lichtmenge, die pro Sekunde auf die Netzhaut fällt. Bei schwacher Beleuchtung würde bei kleiner Pupillenöffnung zu wenig Licht von jedem Gegenstandspunkt die Netzhaut erreichen.

Die Natur benutzt also zum Empfang von Bildern die Linsenabbildung und nicht etwa die schlechtere Lochkameraabbildung. Dies ist beim Menschen und vielen höher entwickelten Tieren so. Beim *Nautilus*, einem tintenfischähnlichen Tier, reicht eine Sehgrube mit Lochblende für unscharfe Bilder aus.

2. Das Scharfstellen beim Auge

➠ *Versuch 2* zeigt: Das Auge kann nicht gleichzeitig nahe und ferne Gegenstände scharf erkennen. Wir wissen von der Linsenabbildung: Rückt ein Gegenstand näher an die Linse, müssen wir den Schirm weiter wegschieben, um scharfe Bilder zu erhalten.

Das Auge macht das anders. Die Netzhaut kann nicht verschoben werden, das heißt, der Abstand Linse-Netzhaut ist fest eingestellt. ➠ *Versuch 3* zeigt uns eine Möglichkeit auf, wie das Scharfstellen durch Austauschen der Linse trotzdem erfolgen könnte. Dies geschieht natürlich nicht wirklich in unserem Auge. Stattdessen kann aber die Brennweite unserer Augenlinse durch Muskeln verändert werden.

Die Augenlinse besteht nämlich aus einem elastischen Stoff. Sie will sich stets von selbst zusammenziehen. Dem wirken die Aufhängefasern entgegen, die sie flach ziehen, gesteuert vom **Ziliarmuskel**. Ist dieser Muskel entspannt, so ziehen die Aufhängefasern die Augenlinse flach. Das Auge kann weit entfernte Gegenstände scharf sehen.

Ist der Ziliarmuskel angespannt, so sind die Aufhängefasern gelockert, die Linse wölbt sich. Das Auge kann nahe Gegenstände scharf sehen. Die Augenlinse ist also eine Linse mit variabler Brennweite. Der Anpassungsvorgang heißt **Akkommodation**. Er läuft, vom Gehirn gesteuert, aber unbewusst ab.

Das Auge kann nicht in jede beliebige Nähe akkommodieren. Bei einem Abstand zum Gegenstand von 10 cm, dem so genannten **Nahpunkt**, ist die Grenze erreicht. So nahe Gegenstände zu betrachten ist sehr anstrengend, man ermüdet dabei rasch. Ohne merkliche Anstrengung kann man Gegenstände in einer Entfernung von etwa 25 cm betrachten.

3. Wozu braucht man eine Brille?

Viele Menschen haben Augenfehler. Sie tragen eine Brille, weil diese die Augenfehler ausgleicht. Die häufigsten Augenfehler sind **Kurzsichtigkeit** und **Übersichtigkeit**.

Beim *kurzsichtigen* Auge ist die Netzhaut zu weit von der Hornhaut entfernt. Die Linse bündelt Licht ferner Gegenstände etwas vor der Netzhaut, sodass das Bild unscharf ist. Nahe Gegenstände kann das Auge dagegen scharf sehen. ➠ *Bild 3a* zeigt, wie eine Brille den Mangel beseitigt. Das schmale Lichtbündel, das von einem weit entfernten Gegenstandspunkt kommt, wird durch die Brille etwas aufgeweitet, sodass die Linse das Licht jetzt weiter hinten genau auf der Netzhaut bündelt. Brillengläser mit dieser Eigenschaft heißen **Zerstreuungslinsen**. Das vormals verschwommene Bild erscheint jetzt scharf.

Beim *Übersichtigen* liegt die Netzhaut zu nahe an der Linse. Der Ziliarmuskel muss also zum Blick in die Ferne bereits etwas angespannt werden, was ohne weiteres möglich ist. Bei nahen Gegenständen kann die Linse aber nicht genügend gewölbt werden, das Bild erscheint verschwommen. Abhilfe schafft eine Brille mit den uns bekannten Linsen (*Sammellinsen*), wie in ➠ *Bild 3b* dargestellt; Sammellinsen verkürzen insgesamt die Brennweite und unterstützen die Augenlinsen bei der Lichtbündelung.

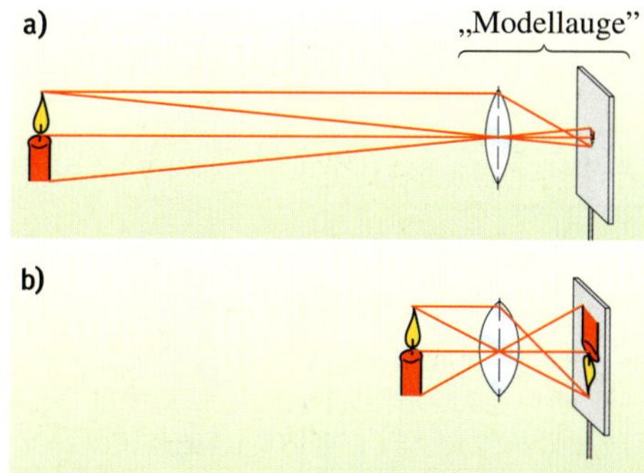

V3: Scharfstellen ohne den Schirm zu verschieben: **a)** Eine Linse der Brennweite 15 cm und ein Schirm ersetzen unser Auge. Eine Kerze wird in großer Entfernung (etwa 4 m) vor das „Modellauge" gestellt. Auf dem Schirm entsteht in etwa 15 cm Abstand hinter der Linse ein scharfes Bild der Flamme. „Unser Modellauge blickt entspannt in die Ferne". **b)** Wir schieben nun die Kerze bis auf 30 cm an die Linse heran, das Bild wird unscharf. Wir ersetzen die Linse durch eine mit der Brennweite 10 cm und erhalten wieder ein scharfes Bild, ohne den Schirm zu verschieben.

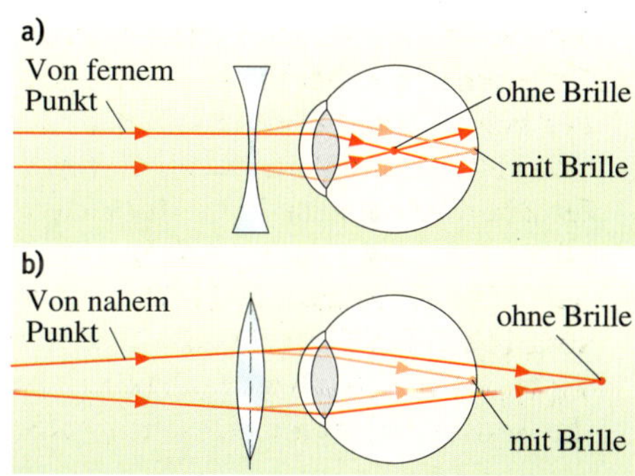

B3: Kurzsichtiges und übersichtiges Auge

Mach's selbst

A1: Mit steigendem Alter verringert sich die Elastizität der Linse, der Nahpunkt entfernt sich. Welche Art Brille hilft, nahe Gegenstände scharf zu sehen? Erkläre.

A2: Im ➠ *Bild* verlaufen Lichtbündel von links nach rechts. Kennzeichne die Linsen als Sammellinse oder Zerstreuungslinse.

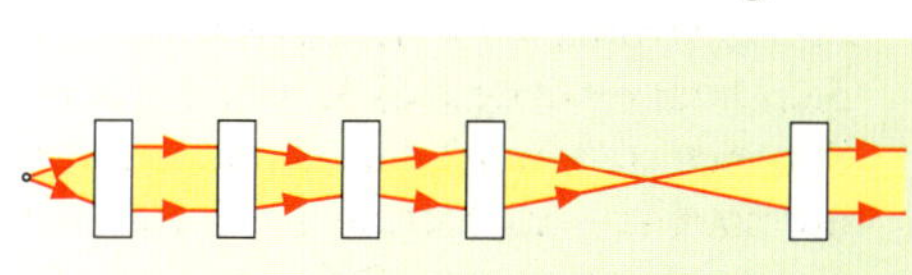

Interessantes

Das Sehen

A. Netzhautbilder

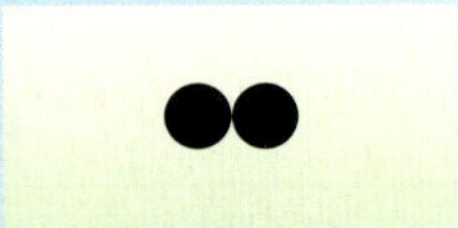

Das Sehvermögen des menschlichen Auges hat Grenzen. Betrachtest du die beiden schwarzen Flecke aus großer Entfernung (etwa 10 m), so gewinnst du den Eindruck, dass es sich auf dem Bild um einen einzigen schwarzen Fleck handelt und nicht um zwei. Eine Ursache dieser Fehldeutung liegt im Aufbau der Netzhaut unseres Auges: Die Sehzellen sind auf ihr mosaikartig verteilt. Das Auge kann nicht mehr Bildpunkte verarbeiten als Sehzellen vom Bild getroffen werden. Mit zunehmender Entfernung rücken die beiden Netzhautbilder immer näher zusammen.

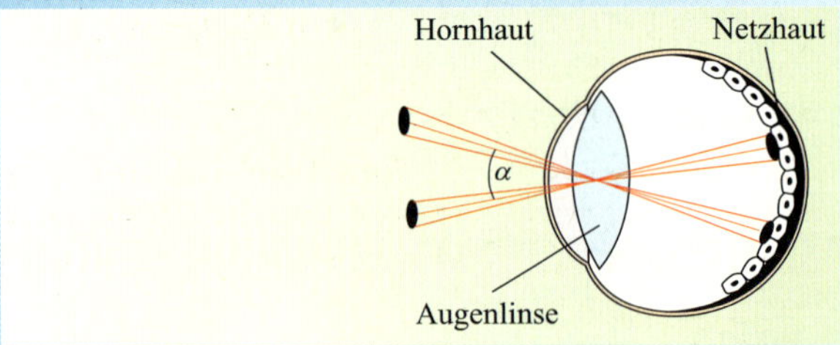

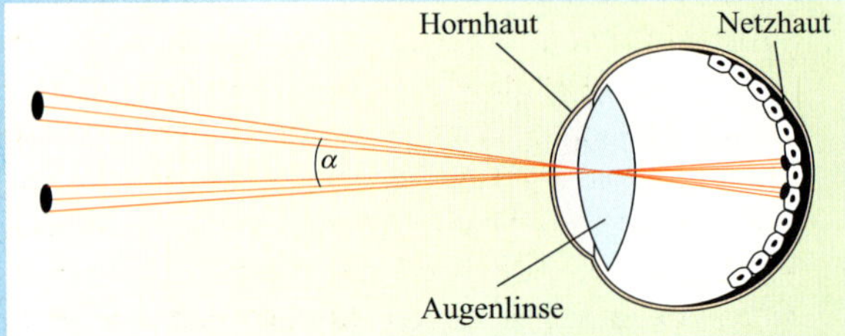

Bei der großen Entfernung registrieren zwei benachbarte Sehzellen den Eindruck schwarz, so wird der Zwischenraum nicht mehr erkannt. Der **Sehwinkel** (im Bild α genannt), ist der Winkel unter dem die beiden Mittelpunktslinien der beiden Flecke ins Auge treffen. Ist dieser Winkel kleiner als $\frac{1}{60}°$, so kann das menschliche Auge die beiden Flecke nicht mehr getrennt wahrnehmen. Greifvögel, die darauf angewiesen sind, auch aus großer Höhe ihre Beute zu erkennen, haben Augen, deren Netzhaut dichter mit Sehzellen besetzt ist. Sie können zwei unterschiedliche Flecke noch getrennt sehen, wenn der oben beschriebene Winkel etwa $\frac{1}{400}°$ beträgt.

Wir erkennen im obigen Bild auch, dass das Netzhautbild umso größer wird, je näher der Gegenstand ans Auge rückt. Ein größeres Netzhautbild bedeutet, dass mehr Sehzellen gereizt und so mehr Einzelheiten erkannt werden. Um die Schrift auf einer Briefmarke zu lesen, hältst du sie deshalb nahe ans Auge.

B. Zwei Netzhautbilder sind nicht immer identisch

In jedem unserer Augen wird ein Netzhautbild erzeugt. Wir „sehen" aber immer nur ein Bild. Das Gehirn empfängt die Bildinformationen von beiden Augen und verarbeitet sie zu einem Bild. Betrachten wir etwa einen Baum aus großer Entfernung (1 km) so empfangen beide Augen identische Bilder – das Gehirn hat eine leichte Aufgabe, sie zu einem Eindruck zu verarbeiten. Beobachten wir jedoch einen Gegenstand, der nahe vor dem Auge ist, so ergibt sich ein größeres Problem:

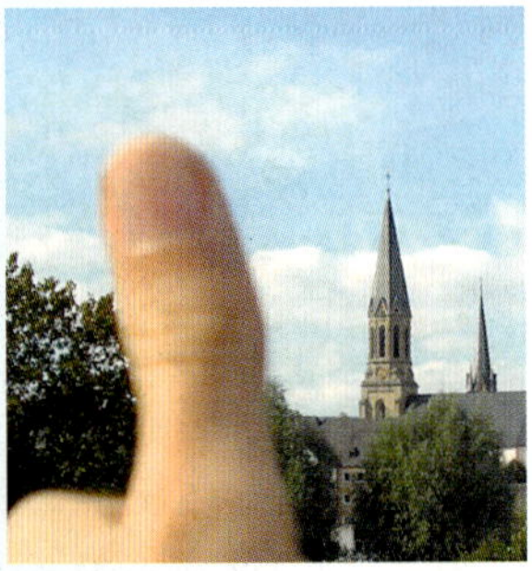

Betrachtest du den Daumen der ausgesteckten Hand zunächst nur mit dem linken Auge und dann nur mit dem rechten Auge, so scheint der Daumen vor dem Hintergrund zu springen. Jedes Auge sieht ja den Daumen aus einer etwas anderen Richtung.

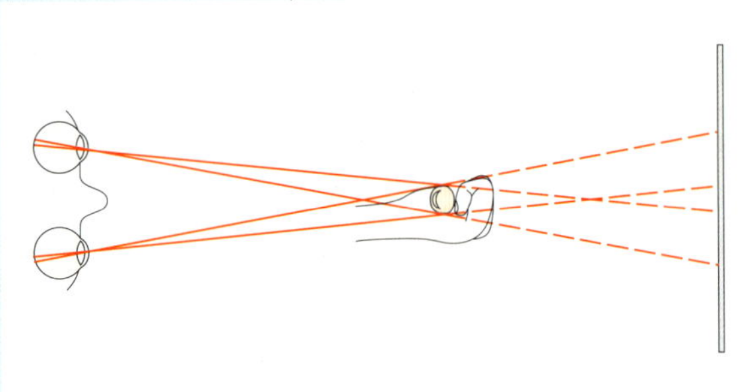

Betrachtet man den Daumen nun mit beiden Augen gleichzeitig, so versagt das Gehirn bei dem Versuch, von diesen zwei verschiedenen Netzhautbildern einen Gesamteindruck zu erzeugen. Konzentrierst du dich nämlich dabei auf den Hintergrund, so siehst du gleichzeitig zwei Daumenbilder. Fixierst du allerdings den Daumen, so erkennst du gleichzeitig zwei Hintergrundbilder.

Obwohl das Gehirn hier Probleme hat, fällt es uns im Alltag nicht auf. Betrachten wir nämlich nahe Gegenstände, dann interessiert uns der weit entfernte Hintergrund nicht und wir achten nicht auf das Doppelbild. Gleiches gilt, wenn wir etwa Landschaften betrachten und ein schmales Hindernis dabei im Wege steht.

Interessantes

C. Das Gehirn sieht mehr als zwei Augen

Sind zwei Netzhautbilder überhaupt nützlich oder hat die Natur dem Gehirn durch die zwei Augenbilder nur eine unnötige Arbeit aufgeladen?

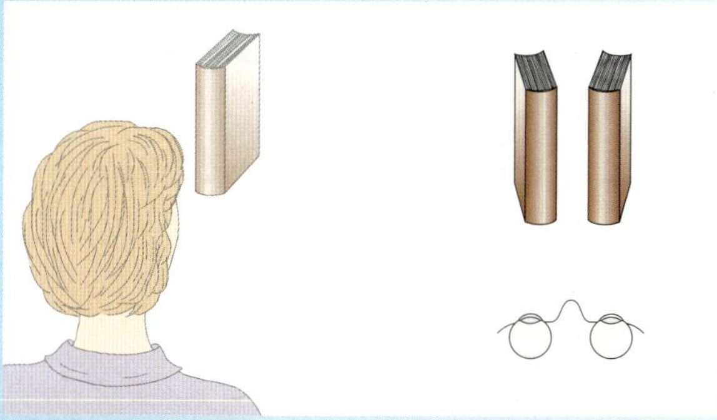

Betrachte ein Buch, das mit dem Rücken vor deiner Nase steht, aus etwa 30 cm Entfernung nacheinander mit beiden Augen. Mit dem linken Auge siehst du den hinteren Deckel und den Buchrücken. Mit dem rechten Auge siehst du den vorderen Deckel und den Buchrücken. Betrachtest du nun das Buch mit beiden Augen gleichzeitig, so siehst du tatsächlich den Buchrücken und beide Deckel. Das Gehirn schafft es also aus den beiden unterschiedlichen Netzhautbildern einen neuen Gesamteindruck zu bilden. Dabei werden die Bilder so vereint, dass gleiche Informationen (Buchrücken) sich überlagern und unterschiedliche Informationen (linker und rechter Buchdeckel) sich ergänzen. Durch dieses Verfahren gewinnen wir einen räumlichen Eindruck vom Buch, der in jedem Einzelbild fehlt.

Diese Fähigkeit muss das Gehirn aber erst erlernen. Untersuchungen mit Kleinkindern belegen, dass sie erst durch zunehmende Erfahrung die Umwelt richtig erfassen, obwohl die Augen von Geburt an voll funktionstüchtig sind. Das beidäugige Bild führt zu dem Eindruck, das betrachtete Buch sei tatsächlich ein räumlicher Gegenstand und nicht etwa nur ein ebenes Foto des Buches. Das räumliche Sehen beruht also auf der Zweiäugigkeit und auf einer erlernten Gehirnleistung. Eine Film- oder Fernsehkamera fotografiert nur mit einer Linse. Im Kino oder im Fernsehen kann man daher nicht unterscheiden, ob die Schauspieler z. B. in freier Natur oder nur vor einem gut gemalten Landschaftsbild spielen.

D. Steht die Welt auf dem Kopf?

Dir ist sicher aufgefallen, dass die Netzhautbilder wie alle Linsenbilder auf dem Kopf stehen und seitenverkehrt sind. Trotzdem sehen wir die Welt „richtig“.

Ist also unsere Vorstellung der Bildentstehung im Auge falsch? Ist das Netzhautbild vielleicht doch seitenrichtig und aufrecht?

Weil Sehzellen sowohl auf Lichteinfall als auch auf Druck reagieren hilft uns folgender Selbstversuch: Schließe beide Augen und versuche dabei auf die Nasenspitze zu „sehen“. Berühre nun mit dem Zeigefinger der rechten Hand von unten den äußersten Augenwinkel des geschlossenen rechten Auges. Du „siehst“ dann helle Ringe – nicht aber an der Druckstelle rechts, sondern links.

Die rechts gereizten Sehzellen lösen also eine Empfindung aus, die wir auf der anderen Seite registrieren. Diese Seitenumkehr bewerkstelligt das Gehirn. Unsere Vorstellung von der Bildentstehung ist also richtig: Netzhautbilder sind seiten- und höhenverkehrt.

E. „Nachts sind alle Katzen grau“

Wir verdunkeln unseren Physiksaal vollständig. Wir stellen mehrere Türme aus Bausteinen nebeneinander auf einen Tisch und drehen langsam die Beleuchtung im Raum heller.

Zunächst erkennen wir nichts, weil von keinem Gegenstand Licht in unser Auge gelangt. Erst ab einer bestimmten Helligkeit der Deckenlampen erkennen wir die Türme auf dem Tisch. Sie erscheinen unterschiedlich grau. Wir drehen die Helligkeit der Lampen noch etwas weiter auf, und erst jetzt entdecken wir, dass der hellste Turm gelb erscheint, der zweite rot und der zuvor als der am dunkelsten beschriebene blau. Die Farben waren bei geringerer Beleuchtung nicht zu erkennen.

In der Medizin hat man herausgefunden, dass unsere Netzhaut zwei verschiedene Typen von Sehzellen hat. Jedes Auge hat 125 Millionen so genannte Stäbchen und 7 Millionen Zapfen. Die Stäbchen reagieren nur auf Hell-Dunkel-Reize, die Zapfen ermöglichen das Farbsehen. Offenbar sind die Stäbchen etwas empfindlicher, d. h. sie benötigen nicht so viel Energie, um eine Reaktion zum Gehirn zu melden wie die Zapfen.

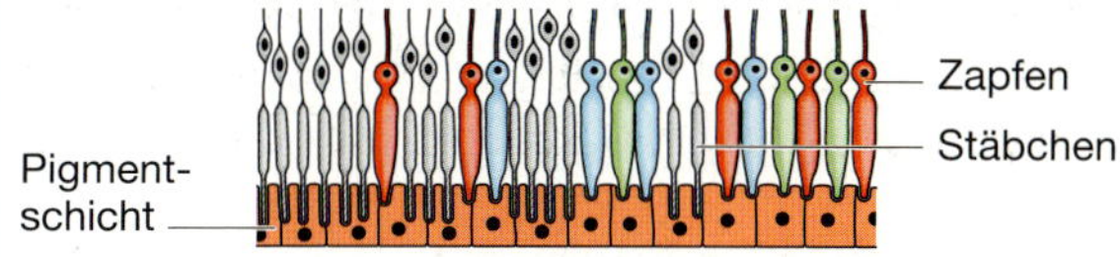

Bei geringer Beleuchtung reagieren also lediglich die Stäbchen auf einfallendes Licht ins Auge. Sie sind für das Sehen in der Dämmerung zuständig. Wir erkennen dann die Welt lediglich in Schwarz-Weiß, wie in einem alten Film.

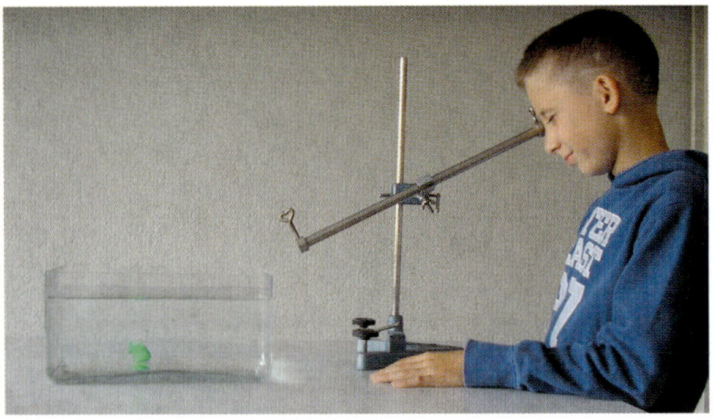

B1: Mit dem Speer auf Fischjagd

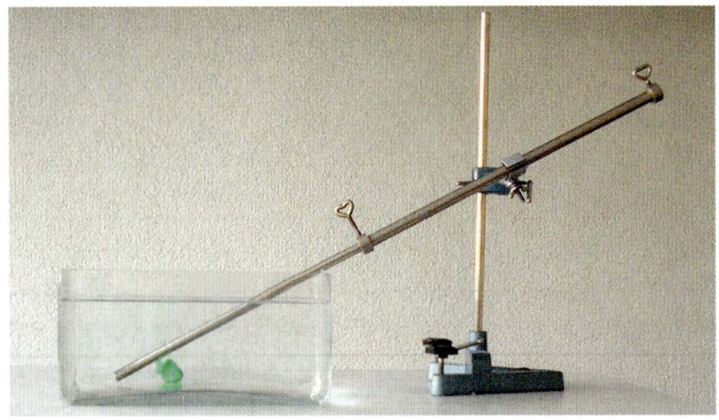

B2: Der Speer trifft den Fisch nicht.

Lichtbrechung

1. Richtig gezielt – aber nicht getroffen

In einigen Südseeländern gehen Eingeborene mit dem Speer auf Fischjagd. Wir wollen dies im Klassenraum nachspielen. Henning versucht durch Verschieben des Rohrs genau auf den Fisch zu zielen (➠ *Bild 1*). Die übrigen Schüler der Klasse beobachten dies von ihren Plätzen aus und bezweifeln, dass der Speer trifft. Henning schiebt nun einen Stab durch das Rohr (➠ *Bild 2*). Und tatsächlich, obwohl er den Fisch zuvor im Rohr gesehen hatte, trifft der Stab den Fisch nicht. Wie ist dies möglich?

„Das Licht vom Fisch gelangt in unser Auge", sagt Tina, „sonst hätte Henning ihn nicht sehen können." „Das Licht kommt durch das Rohr, das ist auch klar", so Mike, „bleibt die Frage, auf welchem Weg das Lichtbündel vom Fisch ins Rohr gelangt." Es wird den Schülern schnell klar, dass sie alleine durch Nachdenken keine Lösung finden können. Ein Versuch soll weiterhelfen.

Im ➠ *Versuch 1* erkennen wir die überraschende Lösung unseres Problems. Beim Übergang von Wasser in Luft ändert das Lichtbündel leicht seine Richtung. Die Randlinien werden geknickt. Man sagt: Das Lichtbündel wird an der **Grenzfläche** zwischen Wasser und Luft *gebrochen*. „Dann hat Henning tatsächlich richtig gezielt", sagt Tina, „das Lichtbündel ist aus der Richtung des Rohres in sein Auge getroffen. Dass es unterwegs seine Richtung geändert hat, davon hat sein Auge nichts mitgekriegt – es wurde getäuscht."

Wir erkennen zusätzlich im ➠ *Versuch 2*, dass jeweils ein Teil des Lichtbündels reflektiert wird. Einfallendes, gebrochenes und reflektiertes Lichtbündel streifen die weiße Scheibe senkrecht zur Grenzfläche.

V1: Mit einer Lampe wird ein Lichtbündel in einem Aquarium erzeugt. Es verläuft streifend entlang einer weißen Fläche, sodass man Form und Weg des Lichtbündels sehen kann. Man erkennt deutlich, dass das Lichtbündel im Wasser und in der Luft jeweils geradlinig berandet ist. An der Grenzfläche zwischen Wasser und Luft dagegen ändert das Bündel seine Richtung, die Randlinien sind geknickt.

V2: Wir erzeugen gleichzeitig viele Lichtbündel. Sie treffen unterschiedlich schräg auf die Grenzfläche zwischen Wasser und Luft. Sie werden unterschiedlich stark gebrochen. Außerdem erkennen wir, dass immer ein Teil wie an einem Spiegel auch reflektiert wird.

Merksatz

Trifft ein schmales Lichtbündel schräg von Wasser auf Luft, so wird es an der Grenzfläche gebrochen und teilweise reflektiert.

2. Auch bei Brechung ist der Lichtweg umkehrbar

Lichtbündel werden beim Übergang von Wasser nach Luft gebrochen. Gilt dies auch beim Übergang in entgegengesetzter Richtung?

Im ➠ *Versuch 3* erkennen wir, dass Lichtbündel auch beim Übergang von Luft in Wasser gebrochen werden. Auch hier gilt: Je schräger das Lichtbündel auf die Grenzfläche trifft, desto stärker wird es gebrochen. Um die Stärke der Brechung beschreiben zu können, müssen wir Winkel vergleichen. Wir zeichnen eine Senkrechte zur Grenzfläche am Auftreffpunkt des schmalen Lichtbündels. Wir erkennen: Der Winkel α in Luft ist immer größer als der Winkel β in Wasser. Das gilt auch bei der Brechung beim Übergang von Wasser in Luft in ➠ *Versuch 2*. Gibt es einen Zusammenhang?

Im ➠ *Versuch 4* führen wir die beiden Lichtwege Luft → Wasser und Wasser → Luft zusammen. Die Lampe unter Wasser erzeugt ein Lichtbündel, das beim Übergang Wasser → Luft gebrochen wird. Die zweite Lampe erzeugt ein rotes Lichtbündel, das beim Übergang Luft → Wasser gebrochen wird. Wir sehen, dass beide Bündel übereinander liegen. Bei der Umkehrung der Lichtwege wird also aus dem einfallenden Lichtbündel das gebrochene und umgekehrt. Das Winkelpaar in Luft und Wasser ist von der Lichtrichtung unabhängig.

3. Lichtbrechung bei Glas

Wasser und Luft sind durchsichtig. Gibt es auch bei anderen durchsichtigen Körpern Lichtbrechung?
Eine Untersuchung mit einem Glaskörper zeigt ➠ *Bild 3*. Beim Eintritt des Lichtbündels von Luft in Glas an der geraden Seite des Halbzylinders wird das Lichtbündel gebrochen. Es verläuft im Glas geradlinig und verlässt den Glaskörper an der runden Seite. An der Winkelscheibe erkennen wir, dass der Winkel α in Luft größer ist als der Winkel β in Glas. Das fanden wir bereits bei Lichtbrechung an der Grenzfläche Luft → Wasser. Bei der Umkehrung des Lichtweges bleibt das Winkelpaar gleich. Auch bei Versuchen mit anderen durchsichtigen Körpern z. B. aus Plexiglas, Diamant, Benzin usw. findet man entsprechende Ergebnisse.

Merksatz

Trifft ein Lichtbündel schräg auf eine Grenzfläche zweier durchsichtiger Körper, so wird es gebrochen. Die Brechung ist umso stärker, je schräger das Lichtbündel auf die Grenzfläche trifft.

An der Grenzfläche Luft zu einem festen oder flüssigen Körper gilt stets: Der Winkel zum Lot in Luft ist größer als der Winkel im anderen Körper. Kehrt man den Lichtweg um, so bleibt das Winkelpaar erhalten.

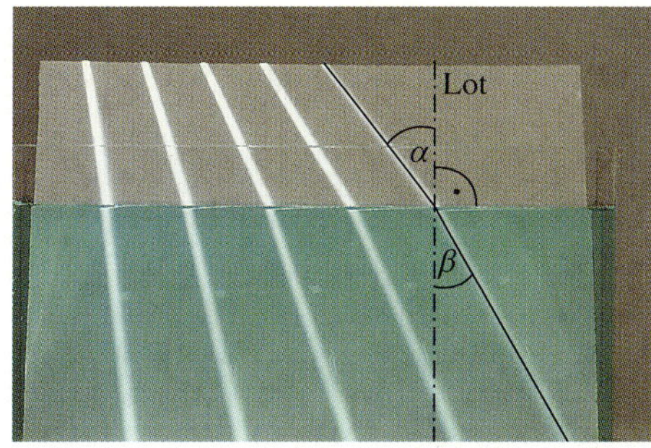

V3: Eine Experimentierleuchte mit mehreren Blendenöffnungen erzeugt mehrere schmale Lichtbündel, die unterschiedlich schräg auf ein mit Wasser gefülltes Aquarium treffen. Auch diesmal werden die Lichtbündel unterschiedlich stark gebrochen. Am rechten Lichtbündel ist zusätzlich ein Lot gezeichnet. Wir erkennen: Der Winkel β ist kleiner als der Winkel α.

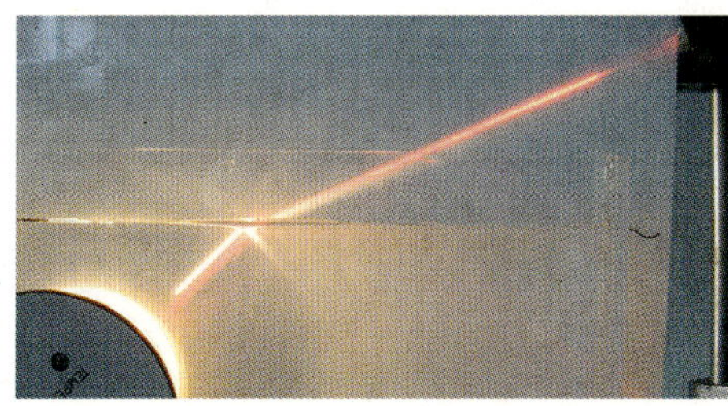

V4: Der Lichtweg ist umkehrbar.

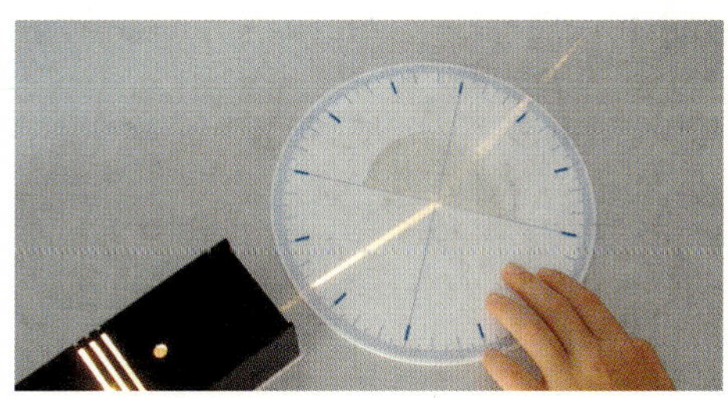

B3: Lichtbrechung an der Grenzfläche Luft → Glas. Der Halbzylinder aus Glas liegt auf einer Winkelscheibe.

Mach's selbst

A1: Auf welchen Gegenstand musst du zielen, um den Fisch zu treffen? Erkläre, deine Lösung mithilfe einer Skizze.

Methoden

Von der Messung zum Diagramm

Bisher haben wir erkannt, dass die Lichtbrechung stärker wird, wenn das Lichtbündel schräger auf die Grenzfläche auftrifft. Durch Winkelmessung lässt sich dies mit Zahlen belegen.

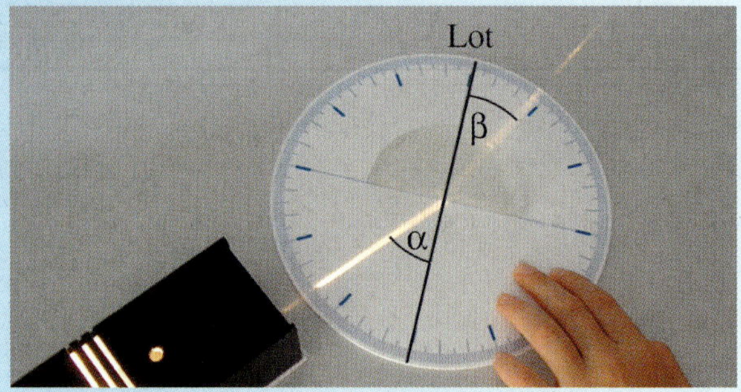

Wie im Foto dargestellt, messen wir den Winkel α zwischen dem einfallenden Lichtbündel und dem Lot (hier $\alpha = 40°$), sowie β, den Winkel zwischen dem gebrochen Lichtbündel und dem Lot (hier etwa $\beta = 25°$). Wir drehen die Winkelscheibe zunächst so, dass der Winkel α genau 0° beträgt. Das Lichtbündel geht ungebrochen hindurch, d.h. für β gilt $\beta = 0°$. Nun drehen wir die Winkelscheibe in 10°-Schritten weiter bis α fast 90° erreicht hat. Den zugehörigen Winkel β lesen wir nach jedem Schritt ab. Die Messwerte sammeln wir in einer Tabelle:

α in Luft	β in Glas
0°	0°
10°	7°
20°	13°
30°	19,5°
40°	25°
50°	31°
60°	35°
70°	39°
80°	41°
90°	42°

Zahlenwerte verraten bereits viel über Zusammenhänge zwischen zwei Größen. Übersichtlicher und deutlicher ist allerdings eine Darstellung im **Diagramm**. Wie du sicher aus dem Mathematikunterricht weißt, zeichnet man dazu ein **Koordinatensystem**. Auf der Rechtsachse trägt man in der Physik immer die Größe ab, die man vorgegeben hat – also hier den Einfallswinkel. Auf der Hochachse die davon abhängige Größe – hier den Brechungswinkel. Bevor wir das Koordinatensystem zeichnen, müssen wir uns für einen geeigneten Maßstab entscheiden. Um die Werte möglichst genau eintragen zu können, sollte das Diagramm nicht zu klein sein. Es soll aber auch gut ins Heft passen, darf also nicht übermäßig groß sein. Bei unseren Messwerten bietet sich der folgende Maßstab an: Wir wählen für 10° die Länge 1 cm auf beiden Achsen. Dann benötigen wir für die Rechtsachse etwas mehr als 9 cm und für die Hochachse etwas mehr als 5 cm. Um die Zwischenwerte leicht eintragen zu können, benutzen wir Millimeterpapier. Es zeigt lauter Quadrate mit der Seitenlänge 1 mm. Wir tragen unsere 10 Messpunkte als kleine Kreuze ein. Wir dürfen sie durch eine Linie miteinander verbinden. Denn auch für Zwischenwerte, z.B. für $\alpha = 65°$, gibt es Lichtbrechung. Die Messpunkte liegen auf einer geschwungenen Kurve.

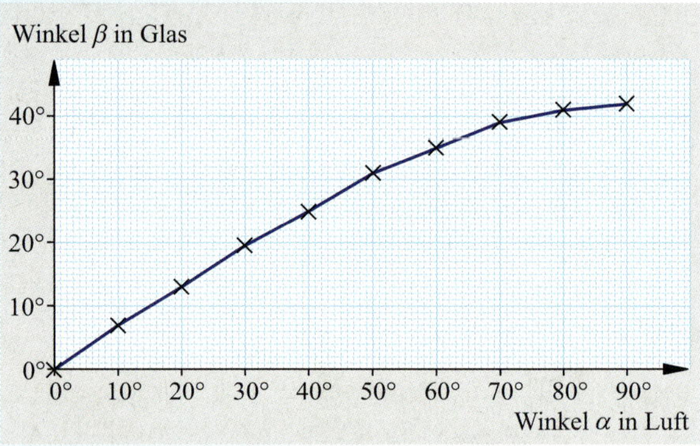

In unserem Diagramm finden wir nicht nur unsere gemessenen Wertepaare (z.B. $\alpha = 40°$, $\beta = 25°$) wieder, wir können auch nicht gemessene Paare ablesen (z.B. $\alpha = 65°$, $\beta = 38°$). So ist es möglich, zu jedem Winkel α in Luft den zugehörigen Winkel β in Glas ohne Messung vorherzusagen. Man kann das Diagramm auch in umgekehrter Richtung lesen. So finden wir zu jedem Winkel β in Glas genau einen zugehörigen Winkel α in Luft; z.B. gehört zu $\beta = 40°$ $\alpha = 75°$.
Wiederholt man den Versuch mit anderen durchsichtigen Körpern, so erhält man jeweils eine andere Kurve.

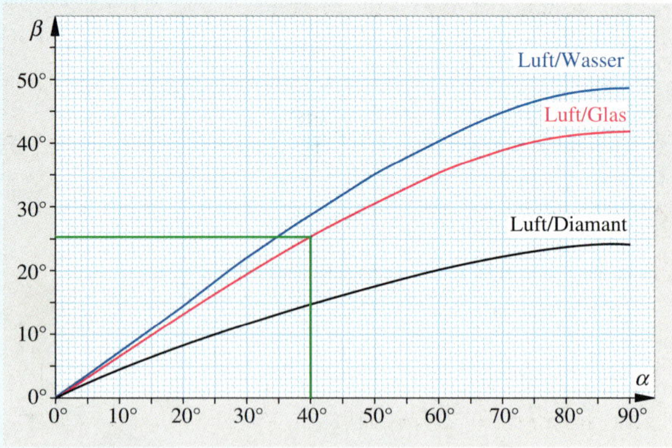

Wir erkennen, dass die Lichtbrechung auch vom Material abhängt. So unterscheiden sich α und β z.B. an der Grenzfläche Luft → Diamant mehr als bei Luft → Glas. Also ist die Brechung bei Luft → Diamant stärker. Außerdem gibt es für jede Grenzfläche einen größten Winkel β. Bei Luft → Glas beträgt er etwa 42°, bei Luft → Wasser 49°.

Interessantes

Mehrfachbrechung

A. Zweifachbrechung am Glasquader

„Das Muster unseres Teppichs erscheint unter unserem Glastisch verschoben zu sein. Ist dies eine optische Täuschung?" Mit dieser Frage leitet Lisa die Physikstunde ein. Ihr Lehrer ist zunächst überrascht, antwortet dann aber nach kurzer Bedenkzeit wie üblich mit einer Gegenfrage: „Welchen Weg nimmt das Licht vom Teppich in dein Auge?" Lisa geht an die Tafel und zeichnet ein schmales Lichtbündel. Das Licht trifft vom Teppich kommend auf die Grenzfläche Luft → Glas, verläuft geradlinig im Glas und trifft dann auf die Grenzfläche Glas → Luft, um dann ihr Auge zu erreichen. „Das Lichtbündel wird also zweimal auf dem Weg vom Teppich in mein Auge gebrochen", bricht es aus Lisa heraus.

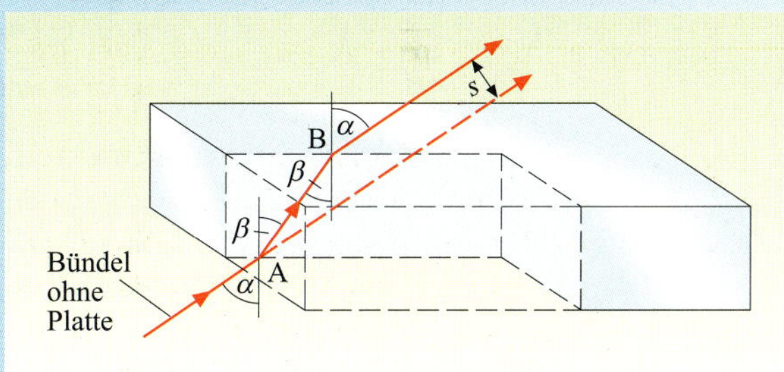

Im Bild erkennen wir das Wesentliche: Das Lichtbündel ohne Glasplatte und das zweifach gebrochene Lichtbündel verlaufen parallel zueinander. Zunächst wird das schmale Lichtbündel im Punkt A an der Grenzfläche Luft → Glas gebrochen. Es gilt $\alpha > \beta$. Im Punkt B wird es wieder gebrochen. Diesmal an der Grenzfläche Glas → Luft. Weil die Glasplatte parallele Flächen hat, sind die beiden mit β bezeichneten Winkel gleich groß. Wegen der Umkehrbarkeit des Lichtweges, ist der Winkel α bei B dann auch wieder so groß wie der Winkel α bei A. Also wurde das Lichtbündel beim Durchgang durch die Glasplatte *parallel verschoben*.

Wir können uns leicht vorstellen, dass gilt: *Je dicker die Glasplatte, desto größer die Parallelverschiebung s.* Das zweimal gebrochene Lichtbündel erreicht zwar unser Auge, der Gegenstand scheint aber verschoben zu sein.

Lisa hat also Recht: die Zweifachbrechung führt ebenfalls zu einer optischen Täuschung.

B. Zweifachbrechung bei der Linse

Wenn ein Lichtbündel eine Linse durchdringt, wird es ebenfalls zweimal gebrochen.

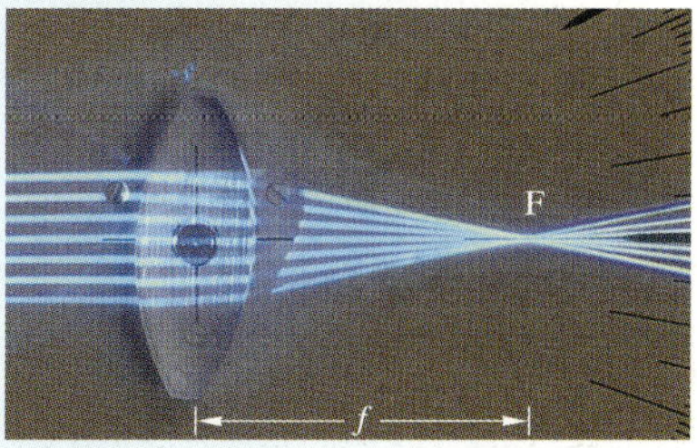

Viele schmale parallele Lichtbündel durchdringen die Sammellinse von links nach rechts. Sie treffen mit unterschiedlichem Winkel auf die gekrümmte Glasfläche. Sie werden also unterschiedlich stark an der Grenzfläche Luft → Glas gebrochen. Auch beim Austritt aus der Linse treffen sie wieder mit unterschiedlichen Winkeln auf die Grenzfläche Glas → Luft. Jedes Lichtbündel hat also hinter der Linse eine etwas andere Richtung.

Alle hier abgebildeten Lichtbündel treffen sich in einem Punkt F. Ein einziges breites Lichtbündel verformt sich beim Durchgang einer Linse in der uns bekannten Weise. Ursache für die Linsenwirkung ist also die Zweifachbrechung an nicht parallelen Flächen.

Mach's selbst

A 1: a) Übertrage die nebenstehende Skizze in dein Heft. Vervollständige den Verlauf der schmalen Lichtbündel. Zeichne dazu an der Grenzfläche das Lot. Miss nun den Winkel α und lies im Diagramm den zugehörigen Winkel β ab und trage ihn auf der anderen Seite ans Lot an. **b)** Übertrage das Bild noch einmal ins Heft und ersetze das Glas durch Wasser. Zeichne wieder das gebrochene Lichtbündel.

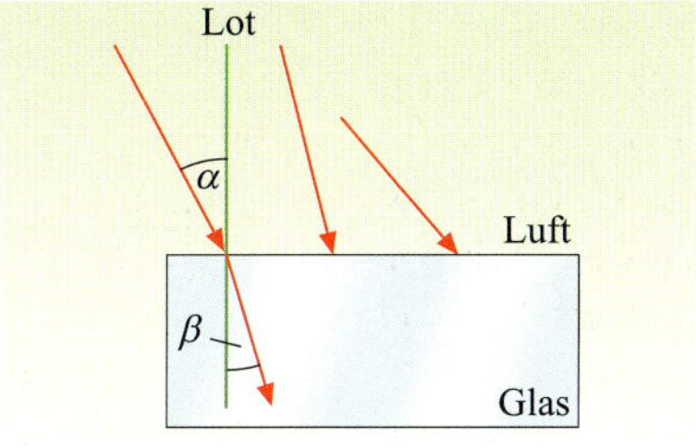

A 2: Vor das Modell des Stuttgarter Fernsehturms wurde eine dicke Glasplatte gehalten.
Beschreibe die Beobachtung und erkläre sie.

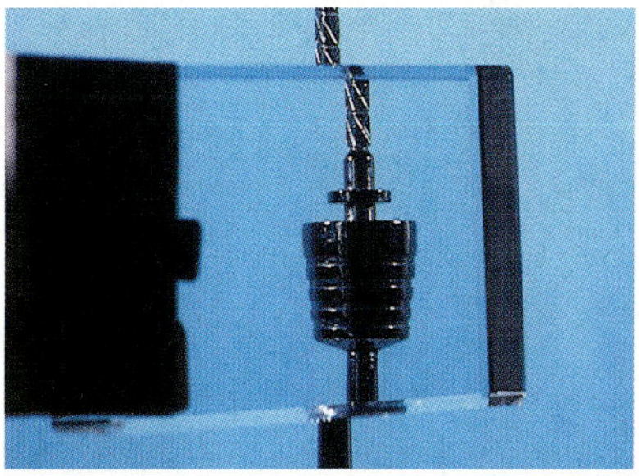

A 3: Fensterscheiben sind auch Glasplatten. Erkläre, warum man die Verschiebung der Lichtbündel üblicherweise nicht bemerkt.

Interessantes

A. Reflexion und Brechung

Bei Versuchen zur Lichtbrechung beobachteten wir außer dem gebrochenen Lichtbündel immer auch ein reflektiertes Lichtbündel. Diese beiden Anteile sind nicht gleich hell. Wir stellen fest: *Je größer der Einfallswinkel, desto heller wird der reflektierte Anteil und desto schwächer wird der gebrochene.*

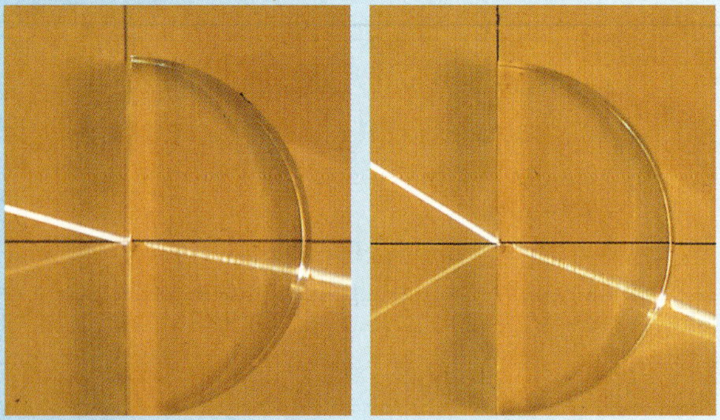

Wir können den Winkel in Luft nur bis maximal 90° einstellen. In dem bekannten *Diagramm für die Lichtbrechung* lesen wir z. B. für den Winkel in Wasser 49° ab. Für die Grenzfläche Luft → Wasser gibt es also kein größeres Winkelpaar. Taucher bemerken dies im offenen Meer immer wenn sie zur Wasseroberfläche schauen. Genau über sich sehen sie einen hellen Fleck, der nach außen hin schnell dunkler wird.

In der Zeichnung finden wir die Begründung.

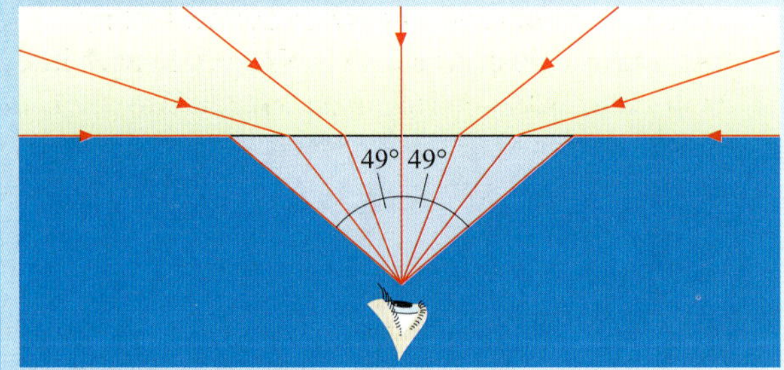

Von der hellen Luft gelangen nur die Lichtbündel in das Auge des Tauchers, die ihn durch Brechung erreichen. Außerhalb des Winkels von 49° ist dies unmöglich. Weil der gebrochene Anteil zum Rand hin schwächer wird, wird der helle Fleck zum Rand hin dunkler.

B. Totalreflexion

Betrachten wir nun die *Lichtumkehr*. Licht, das sich im Wasser befindet, wird also nur gebrochen, wenn der Winkel in Wasser kleiner als 49° ist.

Lichtbündel, die sehr flach auf der Grenzfläche auftreffen, werden vollständig reflektiert.

Auch beim Übergang Glas → Luft gibt es diese Erscheinung. Wir schicken ein schmales Lichtbündel auf die gerundete Fläche bei unserem Halbzylinder auf der Winkelscheibe und beobachten an der ebenen Grenzfläche die Brechung und die Reflexion. An der runden Seite findet keine Brechung statt, weil das Lichtbündel senkrecht auf die Grenzfläche auftrifft.
Wir drehen den Halbzylinder und erhöhen so den Winkel im Glas an der ebenen Grenzfläche.

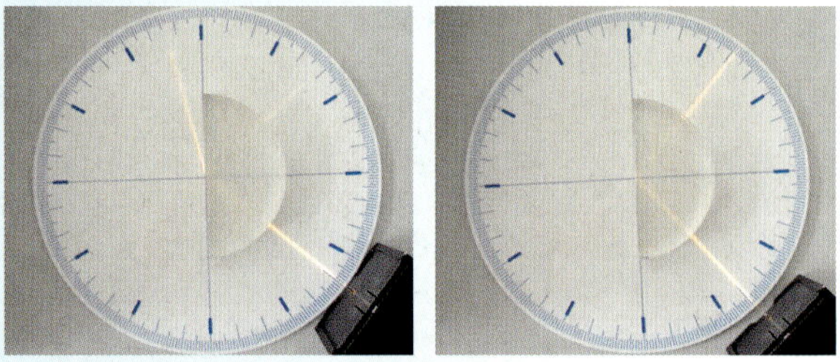

Übersteigt der Winkel im Glas die Größe von 42°, so verschwindet der gebrochene Anteil. Das einfallende Lichtbündel wird vollständig reflektiert. Man spricht in diesem Fall von **Totalreflexion**.

Wir wenden diese Entdeckung im folgenden Lehrerversuch an.

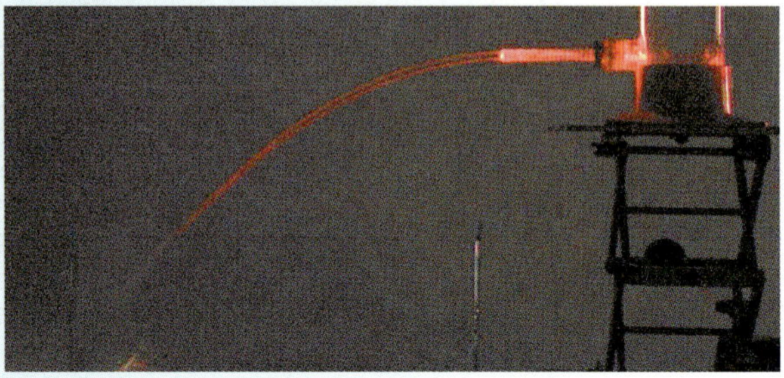

Interessantes

Mit einem Laser schicken wir ein rotes Lichtbündel durch einen Standzylinder und schießen damit von hinten auf das Ausgussrohr. Wir beobachten, wie das Lichtbündel dem gekrümmten Wasserstrahl bis ins Ausgussbecken folgt. Der Wasserstrahl leitet das Lichtbündel um eine Kurve. Man nennt ihn **Lichtleiter**. Ganz zum Schluss, wenn der Wasserstand im Gefäß nicht mehr so hoch ist und der Wasserstrahl am Ausgussrohr stark gekrümmt ist, kann das Lichtbündel dem Wasserstrahl nicht mehr folgen.

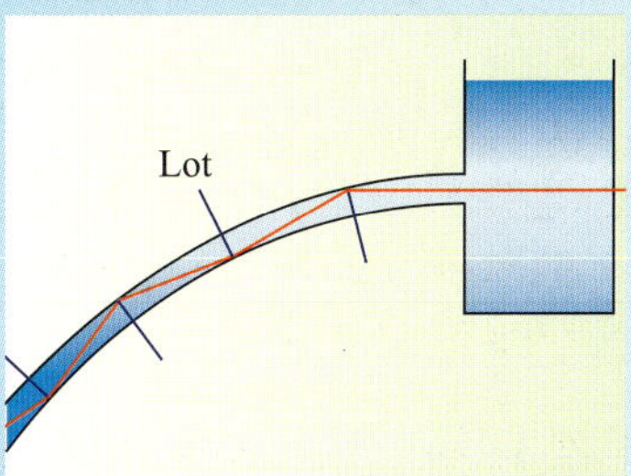

Der Winkel im Wasser ist an jedem Auftreffpunkt der Grenzfläche größer als 49°. Folglich findet jedes Mal Totalreflexion statt und keine Brechung, d.h. das Lichtbündel verlässt den Wasserstrahl nicht. Ist der Wasserstrahl jedoch zu stark gekrümmt, dann findet neben der Reflexion auch Brechung satt, die jedes Mal einen Teil des Lichts aus dem Lichtleiter herausführt.

Einen Lichtleiter aus Plexiglas findest du in deiner Spielzeuglokomotive. Von einer kleine Glühlampe aus teilt er sich in drei Äste

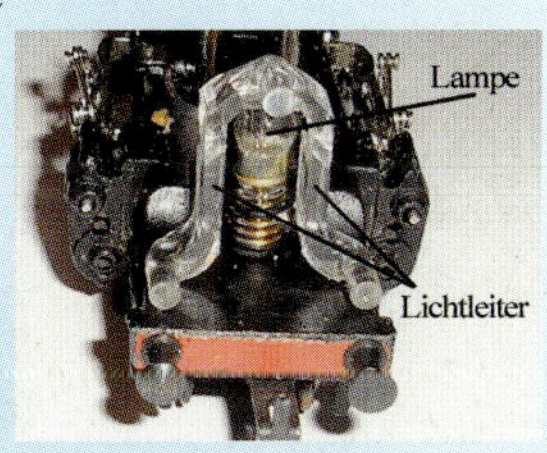

Der Lichtleiter leitet das Licht nach vorne zu drei Austrittsstellen, den Lampen der Lokomotive. So kann ein einziges Glühlämpchen drei Lampen an unterschiedlichen Stellen darstellen.

Vielleicht kennst du auch eine so genannte Glasfaserlampe. In der Mitte der Lampe befindet sich eine Glühlampe. Jeder dünne Plexiglasfaden leitet das Licht bis zu seinem Ende, der Austrittsstelle.

Solche Glasfäden benutzt man auch zur Bildübertragung. Von jedem Punkt eines Gegenstandes geht ein Lichtbündel aus. Würde man diese Lichtbündel durch unseren dicken Wasserstrahl leiten wollen, so würden sie sich unterwegs andauernd kreuzen. Am Ende kämen alle Lichtbündel völlig wahllos angeordnet heraus. Um dieses Verwirren zu verhindern, bündelt man tausende haardünner Glasfäden zu einem **Glasfaserkabel** zusammen. Jedes einzelne Lichtbündel wird in seinem eigenen Lichtleiter bis zum Ende geführt, ohne dass es sich mit anderen kreuzt. Auf diese Weise können Gegenstände Punkt für Punkt durch Lichtleiter um die Ecke betrachtet werden.

Eine wichtige Anwendung hat diese Erfindung in der Medizin. Mit einem so genannten **Endoskop** kann

der Arzt ins Innere des menschlichen Körpers schauen, ohne ihn aufzuschneiden. Dazu wird ein Glasfaserkabel zum Beispiel durch die Speiseröhre in den Magen geschoben. Ein Teil der Glasfasern wird dazu verwendet, Licht von außen in den dunklen Magen zu leiten. Das von den Magenwänden gestreute Licht wird nun durch die übrigen Glasfasern nach außen geleitet, wo sich der Arzt die Magenwände ansehen kann, um mögliche Unregelmäßigkeiten zu erkennen.

C. Brechung an unterschiedlichen Luftschichten

Auch Luft ist ein durchsichtiger Körper. Je nach ihrer Temperatur befinden sich in einem Kubikmeter Luft unterschiedlich viele Luftteilchen. Es gibt Wetterlagen, in denen liegen kältere Luftschichten über wärmeren und umgekehrt. Trifft ein Lichtbündel nun auf eine solche Grenzschicht, so wird es gebrochen und reflektiert und ändert damit seine Richtung. Es kann zu optischen Täuschungen führen wie bei der sogenannten **Fata Morgana**.

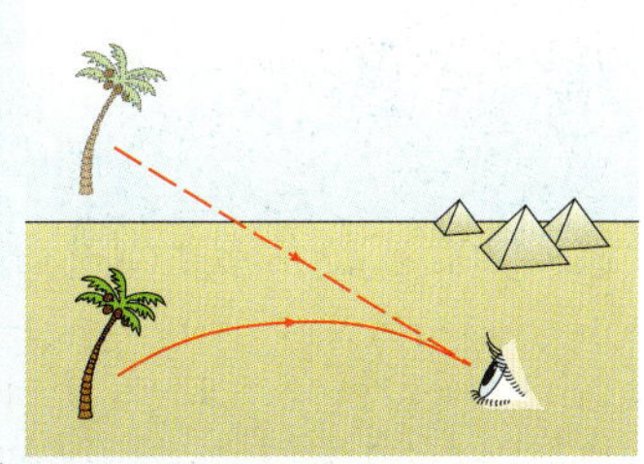

B1: Bei der Brechung von Glühlicht an einem Prisma entsteht ein leuchtendes farbiges Band.

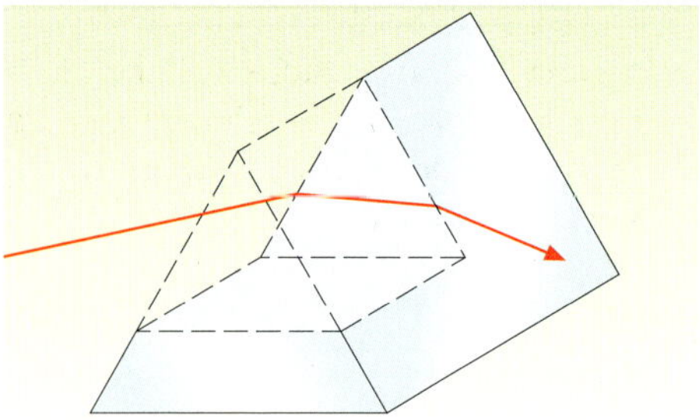

B2: Beim Durchgang eines Lichtbündels durch ein Prisma wird es zweimal gebrochen.

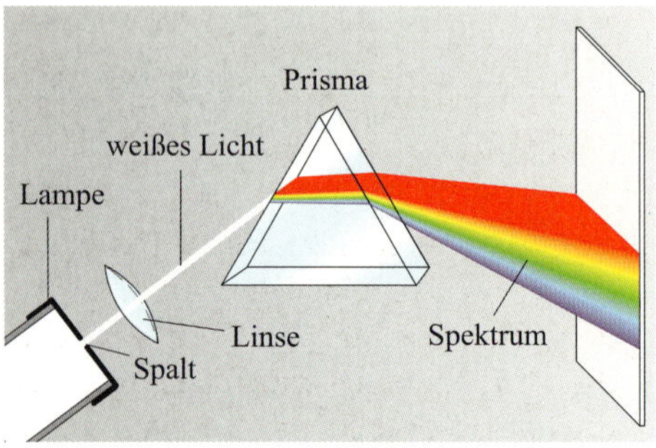

V1: Versuchsaufbau zur Erzeugung des Spektrums von Glühlicht

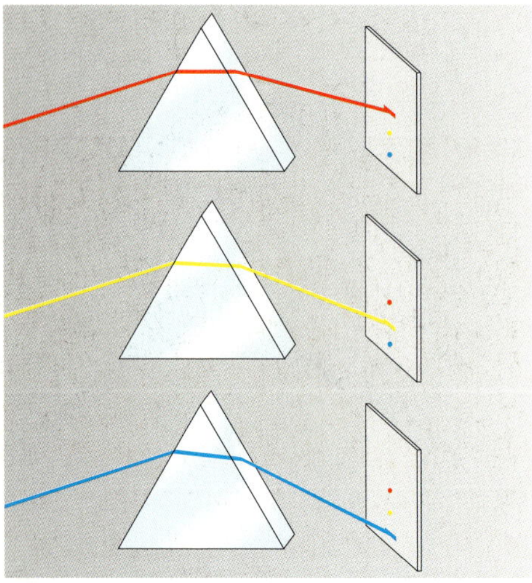

V2: Wir benutzen diesmal einfarbiges Licht für die Lichtbrechung im Prisma.

Jetzt wird's bunt

1. Das Spektrum

Kristallleuchter funkeln bei Glühlicht farbig, obwohl sie aus durchsichtigem Glas bestehen. Woher kommen die farbigen Lichter?

Wie wir aus den nächsten Versuchen erkennen werden, ist die Lichtbrechung dafür verantwortlich. Wir benutzen jeweils einen keilförmigen Glaskörper, den man **Prisma** nennt. Beim Durchgang durch ein solches Prisma wird das Lichtbündel zweimal in die gleiche Richtung gebrochen und damit insgesamt stark abgelenkt (➠ *Bild 2*).

Wir bilden einen Spalt mit einer Linse ab (➠ *Versuch 1a*). Wir erhalten auf dem weißen Schirm eine scharfe weiße Linie.
Stellen wir zwischen Linse und Schirm ein Prisma (➠ *Versuch 1b*) und drehen den Schirm in die neue Lichtrichtung, so ist das weiße Spaltbild verschwunden. Entstanden ist ein breites, farbiges, leuchtendes Band. Wir erkennen z. B. die Farben Rot, Orange, Gelb, Grün, Blau und Violett (➠ *Bild 1*), sie fließen ineinander. Man nennt dieses farbige Band **Spektrum**.

„Wie ist das möglich, dass aus weißem Licht jetzt plötzlich ein farbiges Band entsteht?", fragt Lisa. „Das Prisma kann das Licht nicht färben, es ist doch durchsichtig. Es kann doch eigentlich nur ein Lichtbündel brechen." „Rotes Licht wird aber in eine andere Richtung gebrochen als blaues", so Oliver, „denn es befindet sich an einer anderen Stelle auf dem Schirm."

Um diese Frage zu klären, lassen wir im ➠ *Versuch 2* nacheinander rotes, gelbes und blaues Licht auf das Prisma fallen. Tatsächlich, wir stellen fest, dass unterschiedlich farbige Lichtbündel unterschiedlich stark gebrochen werden und somit an unterschiedlichen Stellen auf dem Schirm ankommen.

„Wir schließen also aus, dass das Prisma das Licht färbt. Also sind die farbigen Lichter bereits im weißen Licht der Glühlampe enthalten und das Prisma trennt sie nur", meint Oliver. „Und wenn die Lichter nicht getrennt sind, sehen wir auf dem Schirm einen weißen Streifen." „Wenn das richtig ist, dann müssten wir das in einem Versuch nachweisen können", entgegnet Lisa.

Wir greifen im *Versuch 3* ihren Vorschlag auf. Wir erzeugen wieder das ursprüngliche Spektrum, stellen aber zwischen Prisma und Schirm eine Linse geeigneter Brennweite auf. Die Linse sammelt alle farbigen Lichter des Spektrums. Und tatsächlich, das auf dem Schirm gebündelte Licht erscheint wieder weiß.

Licht der Glühlampe, und auch z. B. das Sonnenlicht, mit dem die gleichen Versuche gelingen, besteht aus einem Gemisch von allen Farben, die im Spektrum zu sehen sind. Bringt man alle diese Spektralfarben auf einer Stelle zusammen, so erscheint uns der Fleck weiß.

Merksatz

Das weiße Licht der Sonne oder einer Glühlampe besteht aus den Spektralfarben. Darunter sind Rot, Orange, Gelb, Grün, Blau und Violett. Im Prisma werden sie unterschiedlich stark gebrochen, sodass sie im geeigneten Versuch als Spektrum nebeneinander auf einem Schirm abgebildet werden können.

Die Glasstücke des Kristallleuchters oder auch die Kanten eines Brillianten sind so geschliffen, dass sie wie Prismen wirken und das Licht von Glühlampen oder das Sonnenlicht zerlegen, sodass sie farbig funkeln.

2. „Unsichtbares" Licht

Das sichtbare Spektrum des Sonnenlichts beginnt bei Rot und endet bei Violett. So sieht es auf dem Schirm aus. *Versuch 4* zeigt uns, dass in einen engen Bereich links und rechts des Spektrums ebenfalls Energie gelangt. Unsere Augen können zwar dort nichts erkennen, wohl aber unsere Messgeräte.

Die unsichtbare Strahlung rechts neben dem Spektrum, das die Leuchtziffern anregt, wird **ultraviolettes Licht (UV)** genannt. Die Strahlung auf der anderen Seite des Spektrums, auf die das Thermometer reagiert, wird **infrarotes Licht (IR)** genannt.

Für das menschliche Auge sind diese Lichter unsichtbar, für manche Tiere aber nicht. In der Biologie hat man herausgefunden, dass z. B. Bienen ultraviolettes und Grubenottern infrarotes Licht wahrnehmen können.

Der UV-Anteil im Sonnenlicht sorgt für die Bräunung der Haut. Eine Sonnenbank enthält Speziallampen, die künstlich UV-Licht erzeugen.

IR-Licht wärmt unsere Haut. Ein Heizstrahler gibt nach dem Einschalten bereits vor dem Glühen diese Strahlung ab. Sogar *alle* warmen Objekte senden IR-Licht aus. Spezielle Kameras können die IR-Strahlung registrieren. Ein Computer stellt die Aufnahme dann farbig dar, sodass sie für unsere Augen sichtbar wird (*Bild 3*). Auch Nachtsichtgeräte benutzen diese Technik.

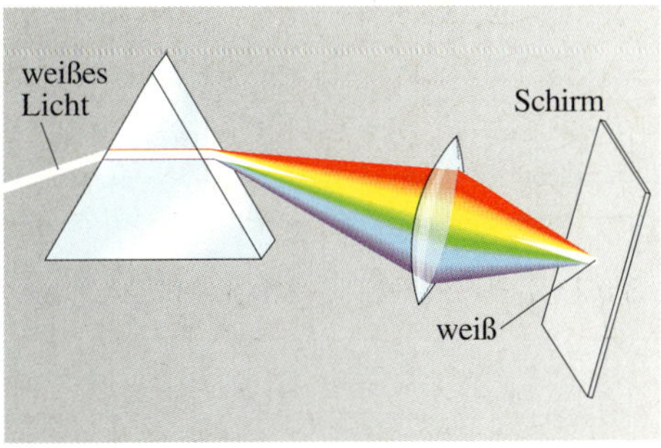

V3: Die vom Prisma aufgespaltenen farbigen Lichter werden durch eine Linse an einer Stelle des Schirms wieder zu weißem Licht vereint.

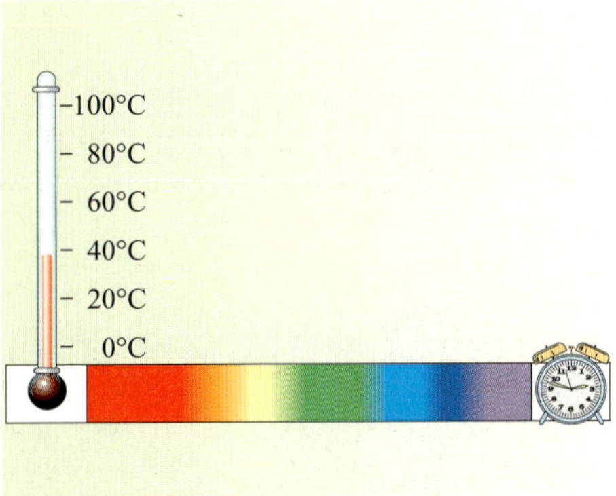

V4: a) Wir halten neben das violette Ende des Spektrums eine Uhr mit Leuchtziffern. Im verdunkelten Raum leuchten die Ziffern neben dem violetten Rand des Spektrums hell auf.
b) Wir bringen neben das rote Ende des Spektrums ein Thermometer mit schwarz gefärbtem Fühler. Die angezeigte Temperatur steigt, sobald die Lampe eingeschaltet wird.

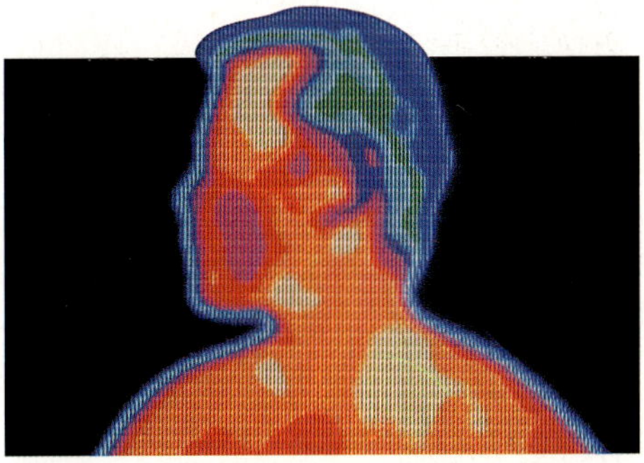

B3: Ein mit einer Infrarotkamera erzeugtes Foto eines Menschen. Rote Farbe bedeutet eine hohe Temperatur, blaue Farbe bedeutet eine niedrige Temperatur.

Interessantes

A. Farbige Lichter

Alle farbigen Lichter des Spektrums an einer Stelle vereint, empfinden wir als Weiß. Welchen Farbeindruck erhalten wir, wenn wir nur einen Teil der farbigen Lichter vereinen?

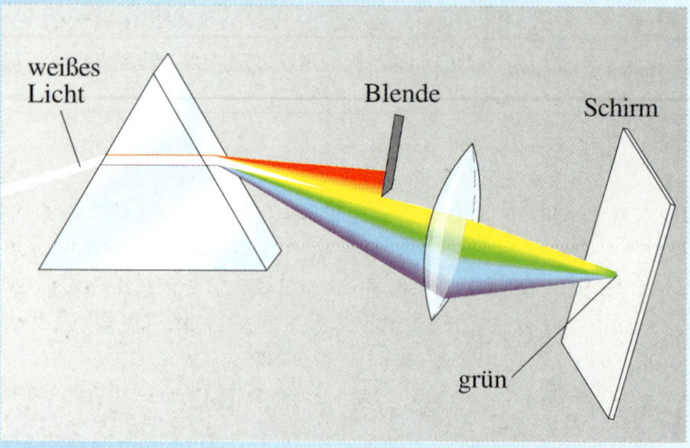

Entfernen wir Rot aus dem Spektrum, so vereinigt sich der Rest zu einem grünen Streifen. Blenden wir umgekehrt das grüne Licht aus, so sehen wir Rot. Auch Orange und Blau bilden ein solches Farbenpaar. Man nennt die auf diese Weise zugeordneten Farben **Komplementärfarben**. Wir wählen drei solcher Paare aus und ordnen sie so in einem Kreis an, dass jeweils die Komplementärfarben einander gegenüber liegen.

Bringen wir die zwei Lichter eines Komplementärfarbenpaares auf einer Stelle auf dem Schirm zusammen, so entsteht der Eindruck Weiß. Das wissen wir schon, weil wir dadurch alle Farben des Spektrums addieren. Addieren wir zwei beliebige farbige Lichter des Kreises, so entsteht eine Mischfarbe. Der Farbeindruck dieser Mischfarbe lässt sich im folgenden Farbenkreis nach einer einfachen Regel ablesen:

Addiert man zwei Lichter aus dem Farbenkreis, so empfindet man als Mischfarbe die dazwischen liegende Farbe.

Beispiel: Rot + Gelb = Orange.

B. Die Farbe kommt immer vom Licht

Das obere Ampelmännchen erscheint rot, das untere grün. Öffnet man die Ampel, so sieht man, dass das Licht jeweils von einer gewöhnlichen Glühlampe erzeugt wird. Eine vorgesetzte Farbscheibe aus Glas sorgt für das farbige Licht.

Wir legen zwei Farbfolien auf einen Tageslichtprojektor. Dort wo sich die gelbe Folie und die blaue Folie überlagern erscheint auf der Leinwand die Farbe Grün.

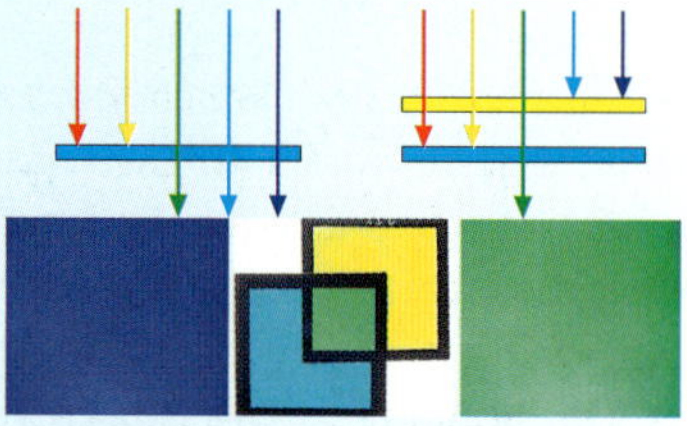

Farbfolien lassen nur einen Teil der Spektralfarben des weißen Lichts durch: Die blaue Folie verschluckt den von Rot bis Gelb gehenden Teil des Spektrums. Sie erscheint in Durchsicht in der Mischfarbe des Restlichts – blau. Die gelbe Folie dagegen sperrt die Spektralfarben Blau bis Violett, sie erscheint Gelb. Legen wir beide Folien übereinander, so erscheint in der Durchsicht der Bereich in der einzigen durchgelassenen Farbe – nämlich Grün.

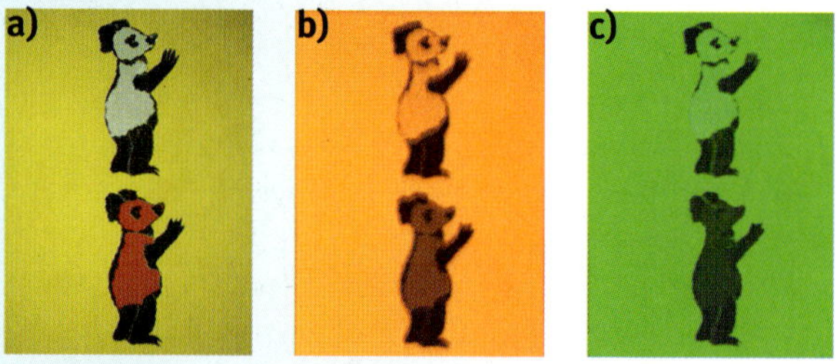

Die Farbe der „Papp-Bären" hängt von der Beleuchtung ab:

Im grünen Licht c) erscheint die im Tageslicht a) braun aussehende Pappe schwarz. Sie verschluckt also das grüne Licht vollständig und streut nichts davon in unser Auge. Die im Tageslicht weiß erscheinende Pappe streut alles grüne Licht in unser Auge und erscheint daher jetzt grün.

Von gelbem Licht b) beleuchtet erscheint der Papp-Bär entsprechend in Gelbtönen.

Vom weißen Sonnenlicht a) und damit von allen Spektralfarben gleichzeitig beschienen, erscheint er in vielen Farben: Farbstoffe verschlucken bestimmte Spektralfarben mehr oder weniger stark und streuen den Rest in unser Auge. Das Mischlicht der gestreuten farbigen Lichter erzeugt nun den Farbeindruck in unserem Auge.

Interessantes

C. Der Regenbogen

Die Farben des Spektrums hast du sicher schon öfter außerhalb des Physiksaals gesehen. Im Regenbogen kannst du sie in freier Natur auch ohne Auffangschirm bewundern. Ähnlich wie beim Spektrum im Schulversuch wird auch hier weißes Licht durch unterschiedliche Brechung zerlegt. Das Sonnenlicht wird in vielen Regentropfen gebrochen und reflektiert und trifft erst dann in dein Auge. Rotes Licht aus einer anderen Richtung als blaues. Deshalb sehen wir die Farben an unterschiedlichen Stellen. Diese sehr grobe Erklärung wollen wir uns nun etwas genauer ansehen.

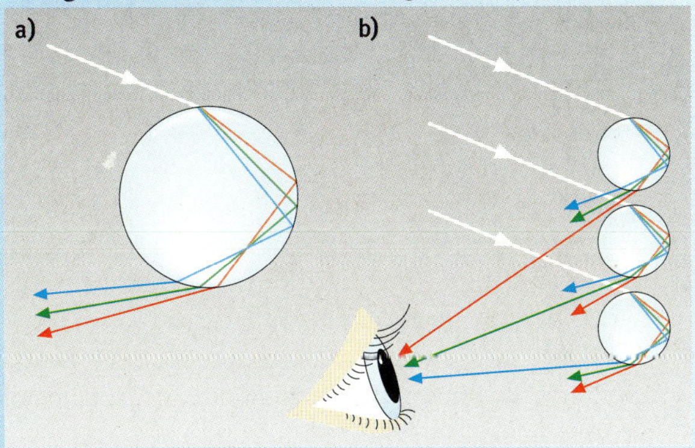

In *Bild a* verfolgen wir ein schmales Lichtbündel. An der Grenzfläche Luft → Wasser(-tropfen) wird es gebrochen. Blaues Licht etwas stärker als grünes und noch stärker als rotes. An der Rückseite des Tropfens wird das Licht an der Grenzfläche teilweise reflektiert. Das reflektierte Licht trifft nun auf die Grenzfläche Wasser → Luft und wird wieder gebrochen; unterschiedliche Farben unterschiedlich stark. Durch die zweifache Brechung verlassen die farbigen Lichter den Regentropfen in deutlich verschiedenen Richtungen. Wir sehen, dass rotes Licht nach unten laufend den Tropfen verlässt und blaues etwas oberhalb. Beim Regenbogen ist aber immer der rote Bogen oben und der blaue unten. Ist unsere Überlegung also falsch?

Von einem einzigen Regentropfen gelangt jeweils ein Lichtbündel in unser Auge, in dem eine Farbe überwiegt. Der oben beschriebene Vorgang findet aber gleichzeitig in sehr vielen Tropfen statt. In *Bild b* erkennen wir, wie die richtige Farbenfolge entsteht: Vom oberen Tropfen gelangt rotes Licht in unser Auge, von einem tieferen Tropfen grünes und von einem noch tieferen blaues Licht.

Warum aber ist der Regenbogen rund?
Die Lichtbündel, die von der Sonne kommend die verschiedenen Tropfen treffen, verlaufen parallel zueinander. Verlängert man sie nach hinten, so ergibt sich für das rote Licht ein Winkel von 42,3°. Für das violette Licht ein Winkel von 40,7°.

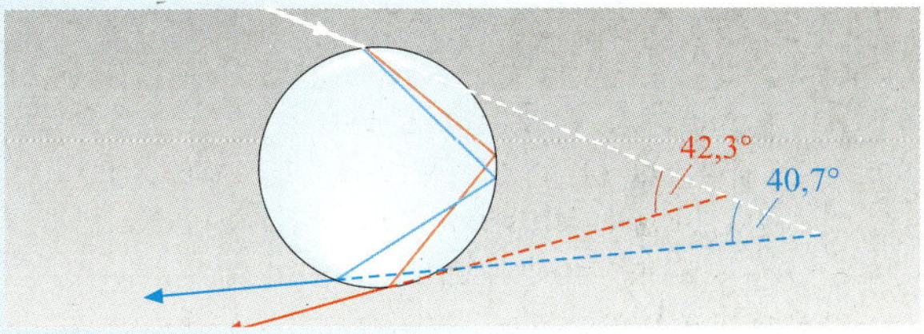

Wir betrachten nur den „roten“ Regenbogen. Das oben gezeichnete von der Sonne kommende Lichtbündel verlässt den Wassertropfen im höchsten Punkt des Bogens im Winkel von 42,3° zum Auge.

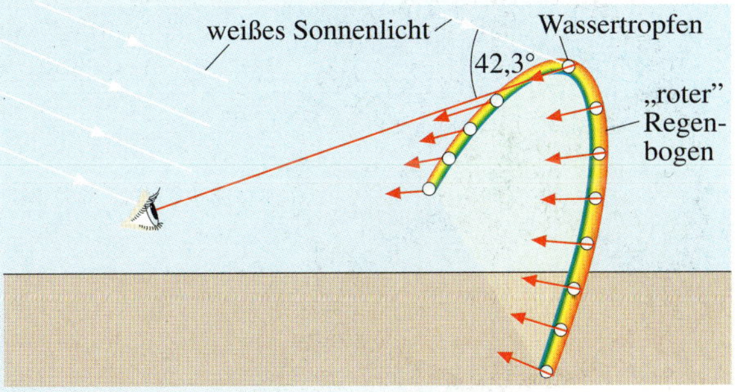

Vom Betrachter aus gesehen gilt das für jeden Tropfen, der sich auf einem Kreis befindet. Wir sehen nur den Teil über der Erdoberfläche. Die anderen Farben bilden Bögen mit etwas kleinerem Radius.

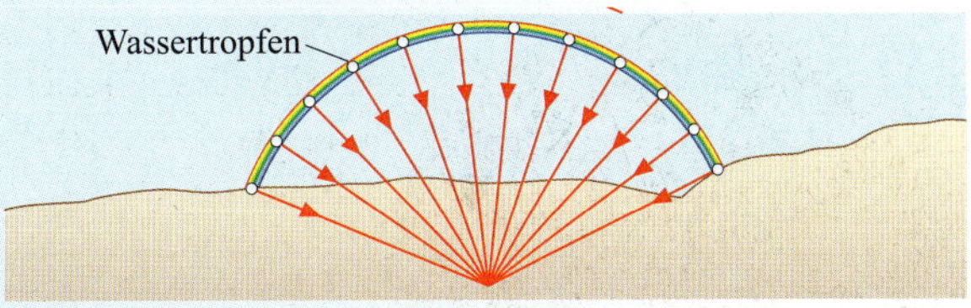

Wir sehen nicht immer bei Regen einen Regenbogen. Voraussetzung ist nämlich, dass die Sonne kräftig gegen eine Regenwand scheint. Mit der Sonne im Rükken beobachten wir dann den Regenbogen. Je tiefer die Sonne steht, desto höher ist der sichtbare Bogen.

Vertiefung

B1: Nutzungen der Sonnenstrahlung

B2: Solarzelle im Stromkreis

B3: „Solarkollektor“

Licht ist Energie

A. Mit dem Licht kommt Energie von der Sonne

Das Dach des Hauses in ➠ *Bild 1* schützt die Bewohner nicht nur vor Regen und Schnee. Wer es genau anschaut, erkennt drei Arten der Nutzung von Sonnenstrahlung:

- Durch die Fenster gelangt Sonnenlicht ins Haus.
- Solarkollektoren nutzen die Sonnenstrahlung, um Wasser zu erhitzen.
- Solarzellen wandeln Sonnenstrahlung in elektrische Energie.

Mit dem Licht haben wir uns in der Optik viel befasst, über Energie haben wir dabei nur am Rande gesprochen. Im Alltag dagegen ist heutzutage von **Sonnenenergie** sehr oft die Rede.

Über Energie wissen wir, dass sie nötig ist, um Gegenstände oder Flüssigkeiten zu erhitzen, und dass sie mithilfe eines Stromkreises – als elektrische Energie – übertragen werden kann.

B. Solarzellen sind Energiewandler

Mit Solarzellen hast du vielleicht schon in der Grundschule experimentiert, oder sie sind dir als „Solarspielzeug“ begegnet. Im Beispiel von ➠ *Bild 2* wird Luft mit Sonnenenergie in Bewegung gesetzt. Solarzelle und Ventilator dienen als Energiewandler.

Mit unserem Wissen über Energie können wir dazu die Energie-Übertragungskette darstellen:

Die Solarzellen im Solarspielzeug wandeln nur wenig

Energie. Für den kleinen Ventilator oder einen Taschenrechner reicht das. Die Solarzellen auf dem Hausdach haben eine größere Fläche, etwa 6 m^2. Sie wandeln in gleicher Zeit viel mehr Energie, die immer dann ins öffentliche Stromnetz geleitet wird, wenn die Hausbewohner keinen Bedarf haben.

C. Solarkollektoren sind Energiewandler

Bei ➠ *Bild 3* denkt man nicht gleich an die Heizwirkung von Sonnenstrahlung – man spürt sie aber, wenn aus dem Gartenschlauch, der in der Sonne gelegen hat, zunächst warmes Wasser und dann erst die erwartete Erfrischung sprüht.

In der Optik haben wir die Wege des Lichts untersucht, haben Oberflächen unterschieden: Glatte Oberflächen lenken das Licht um, raue Oberflächen zerstreuen es in alle Richtungen. Es gibt auch Oberflächen, die das Licht verschlucken.

Physikerinnen und Physiker probieren die gefundenen Gesetze gerne in neuartigen Situationen aus. Ob die für Licht gefundenen Regeln wohl auch für die mit der Sonnenstrahlung gelieferte Energie gelten?

Auf einer Styroporplatte sind drei gleich große Kreisscheiben befestigt: eine aus weißem Papier, eine aus schwarz bemaltem Papier, eine aus Alufolie. Alle drei Scheiben haben die gleiche Temperatur. Wir kontrollieren dies mit einem Digitalthermometer.

Wir lassen die Sonnenstrahlung auf die drei Scheiben fallen und messen nach einer Minute an jeder Scheibe die Temperatur. Hier die Ergebnisse:

Die Temperatur der schwarzen Scheibe steigt schneller als die der beiden anderen Scheiben. Sie hat in einer Minute mehr Energie aufgenommen als die anderen Scheiben. Hatten wir das erwartet?

	weiß	schwarz	Alufolie
vorher	21,0	21,2	21,0
nach 1 min	21,6	23,7	21,1
2 min			

Vertiefung

Nun, bei den drei Scheiben ist in einer Minute gleich viel Energie angekommen – so haben wir das Experiment organisiert. Wenn die weiße Scheibe oder die Aluscheibe die Energie nicht behalten, müssen sie die Energie wieder abgegeben haben. Sie streuen einen Teil der Strahlung oder reflektieren sie.

D. Alufolie reflektiert nicht nur das Licht

Der Feuerwehrmann trägt über seiner Atemschutzkleidung zusätzlich einen beschichteten Überwurf und spezielle Hitzeschutzhandschuhe gegen große Strahlung des Feuers, das er bekämpfen soll. Die glänzende Oberfläche sorgt dafür, dass ein großer Teil der Strahlung reflektiert und nicht an der Oberfläche als Energie an die Kleidung übertragen wird.

E. Die Haut als Energieempfänger

Für die weiße Scheibe hat die Temperaturmessung gezeigt, dass sie einen Teil der ankommenden Energie behält. Das erklärt auch, warum unsere (weiße) Haut ein sensibler Energieempfänger ist. Wir spüren die Temperaturerhöhung und bemerken so, dass jeder heiße Körper, nicht nur die heiße, hell leuchtende Sonne Energie ausstrahlt. So wird uns rechtzeitig Gefahr signalisiert – beim Feuer, das gelöscht werden soll, aber auch bei Körpern, die gar kein sichtbares Licht aussenden, einer Herdplatte zum Beispiel.

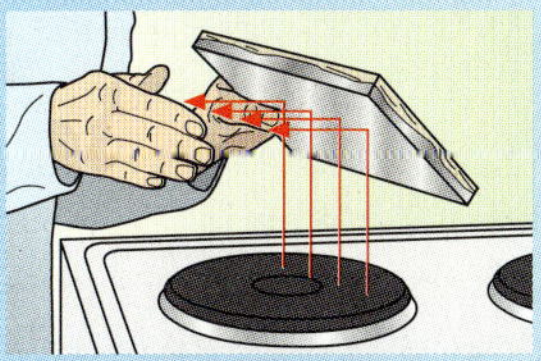

Wer die Strahlung von der Herdplatte spüren will, muss die Hand über die Platte halten, nicht daneben. Die als Spiegel eingebrachte Alufolie ändert dies: Mit Alufolie kann man auch mit der Hand neben der Herdplatte feststellen, dass die Herdplatte heizt.

F. Technik statt Sinnesleistung

Wir wissen schon: Im Lichtspektrum des Sonnenlichts ist neben den sichtbaren Farben des Lichts zusätzlich UV-Strahlung und infrarote Strahlung. Deshalb ist bei der Strahlung heißer Körper oft von Infrarot die Rede. Infrarot-Thermometer sind empfindliche Empfänger für Infrarotstrahlung. Du kennst sie vielleicht in der Form des modernen Fieberthermometers, mit dem berührungsfrei die Körpertemperatur, aber auch die Temperatur irgendwelcher Oberflächen gemessen werden kann. Man zielt auf die zu untersuchende Stelle (bei der Fiebermessung die Oberfläche im gut durchbluteten Innenohr) und löst durch Knopfdruck die Messung aus.

Das Experiment mit der Kochplatte kann man auch mit einem Infrarot-Thermometer durchführen:

Wenn man mit dem Thermometer über die Herdplatte hinweg zielt, „sieht" das Thermometer nicht die Temperatur der Herdplatte, sondern die der gegenüberliegenden Wand. Hält man den Alufolien-„Spiegel" über die Herdplatte, dann zeigt das Thermometer die hohe Temperatur der Herdplatte an.

Das kennen wir: Das vom Sender ausgesandte Strahlungsbündel gelangt mit Hilfe des Spiegels zum Empfänger.

G. Ist Licht das Gleiche wie Energie?

Du kennst vielleicht die Geschichten von den Schildbürgern. Auch die vom Rathaus? Hier die Kurzfassung:

Als die Schildbürger ein neues, pompöses Rathaus bauen, vergisst der Architekt die Einplanung von Fenstern und das Rathaus ist innen stockfinster. Daraufhin versuchen die Schildbürger, mit Eimern das Sonnenlicht einzufangen und ins Innere zu tragen, was allerdings fehlschlägt.

Mit Solarzellen hätten die Schildbürger die Energie des Sonnenlichts in elektrische Energie wandeln und so auf der Einbahnstraße eines Stromkreises in das Rathaus leiten können. Mit Eimern konnten sie die Energie so nicht auffangen.

Aber so wäre es gelungen: Schwarz angemalt und in die Sonne gestellt, würde die Temperatur der Eimer steigen. Ins Rathaus getragen, würden die heißen Eimer die kühle Raumluft erhitzen.

Energie wird übertragen und geht nicht verloren. Die Sonnenstrahlung ist Licht und Energie zugleich. Wenn sie an der Oberfläche gewandelt (und nicht reflektiert oder gestreut wird), geht die besondere Eigenschaft „Licht" verloren. Unsere Augen sind nur für diesen Teil der Sonnenenergie geeignete Empfänger.

Heiße Körper strahlen Energie ab, sehr heiße sogar in Form von Licht. Licht ist eine Energieform.

Vertiefung

Energie im Alltag

A. Elektrische Energie ist bequem nutzbar

In einem Wasserkraftwerk wird die Höhenenergie des Wassers im Stausee genutzt:

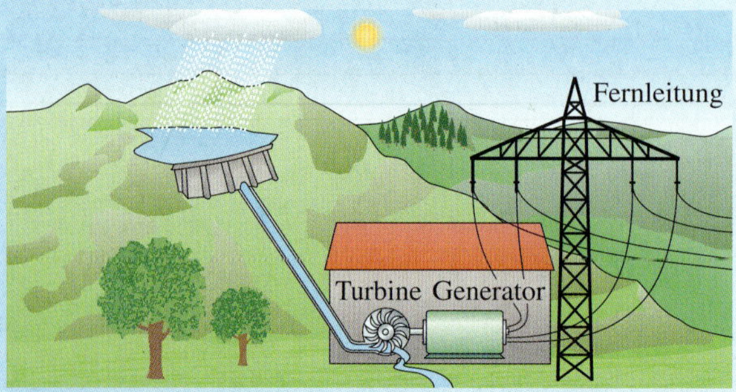

Die Turbine wandelt die Energie des in Rohren bergab fließenden Wassers über einen Generator in elektrische Energie. Fernleitungen transportieren sie in jedes Haus. An Steckdosen, die es überall gibt, kann die Energie abgerufen werden. *In unserem Lande ist elektrische Energie praktisch überall verfügbar.*
Mithilfe elektrischer Energie kann man Motoren antreiben, Zimmer beleuchten, heizen (und auch kühlen). Elektrische Energie lässt sich überall in andere Energieformen umwandeln. *Elektrische Energie ist für uns deshalb besonders nützlich.*

B. Energie-Umwandlungsketten enden immer in der Umgebung

Wenn du einen elektrischen Heizofen einschaltest, wird Energie gewandelt. Von den heißen Heizspiralen geht Energie von selbst in das kältere Zimmer. Die Raumtemperatur steigt, das vermehrt dein Wohlbefinden. Wenn du das Fenster öffnest, fließt die Energie schnell von alleine in die kühlere Außenluft. Dort nützt sie keinem mehr.
Nur wenn im Sommer die Außentemperatur höher ist als die Temperatur im Haus, fließt Energie von draußen in die kühle Wohnung. *Von alleine fließt Energie nur von Heiß nach Kalt.*

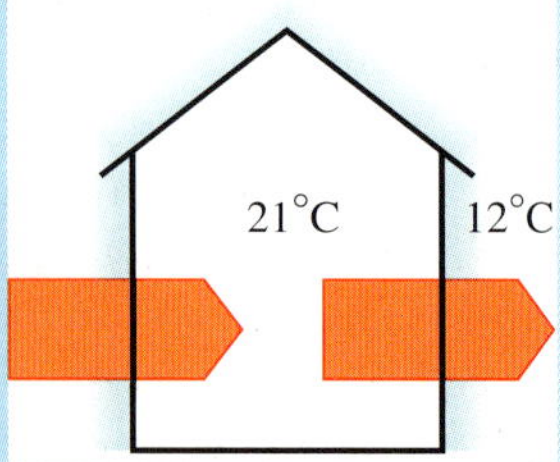

C. Energie wird genutzt, nicht verbraucht

Beim Heizen kommt es darauf an, die Energiezufuhr richtig einzustellen. Wenn die Raumtemperatur sich nicht mehr ändern soll, muss nur so viel Energie zugeführt werden, wie gleichzeitig in die Umgebung entweicht.

Weil man mit der in die Umgebung geflossenen Energie meistens nichts mehr anfangen kann, ist oft von Energie„verbrauch“ die Rede. Energie„nutzung“ ist das bessere Wort. *Wir nutzen die zum Heizen eingekaufte Energie, indem wir sie durch unsere Wohnung fließen lassen.*

D. Elektrische Energie aus heißem Dampf

Die Energie der Flamme heizt das Wasser. Aus dem siedenden Wasser steigt Dampf auf. Die Düse leitet den Dampfstrahl auf die Schaufeln der Turbine.

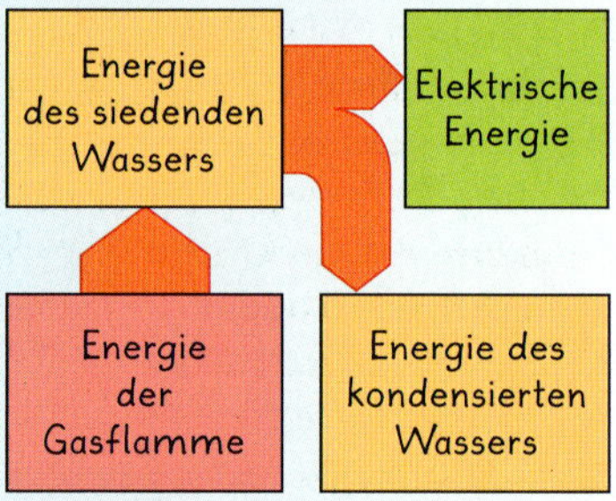

Turbine und Dynamo wandeln Bewegungsenergie des Dampfes in elektrische Energie.

Weil der Dampf ins kalte Zimmer ausströmt, kondensiert er bald zu heißem Wasser. So macht der Dampf Platz für nachströmenden Dampf. Allerdings wird dabei ein Teil der aus der Flamme stammenden Energie ins Kondenswasser abgezweigt.

In dem Bild des Kohlekraftwerks erkennst du deutlich den Kühlturm. Auch hier im Großen ist es notwendig, den Dampf hinter der Turbine zu kühlen. Nur so kann man Energie der Kohle oder anderer Brennstoffe in elektrische Energie wandeln.

Vertiefung

Die Energie von der Sonne lässt Pflanzen wachsen. Vor Millionen von Jahren starben Bäume und andere Pflanzen ab, vermoderten und wurden immer mehr von Erde, Gestein und Geröll überdeckt. Dadurch wurde der Druck auf die Pflanzenschichten allmählich ungeheuer groß – aus ihnen wurde *Kohle*.
Erdöl und *Erdgas* bildeten sich auf ähnliche Weise aus Kleinstlebewesen, die vor Urzeiten im Meer lebten.
Im Laufe vieler Millionen Jahre entstanden so unsere heutigen *fossilen Energievorräte*.

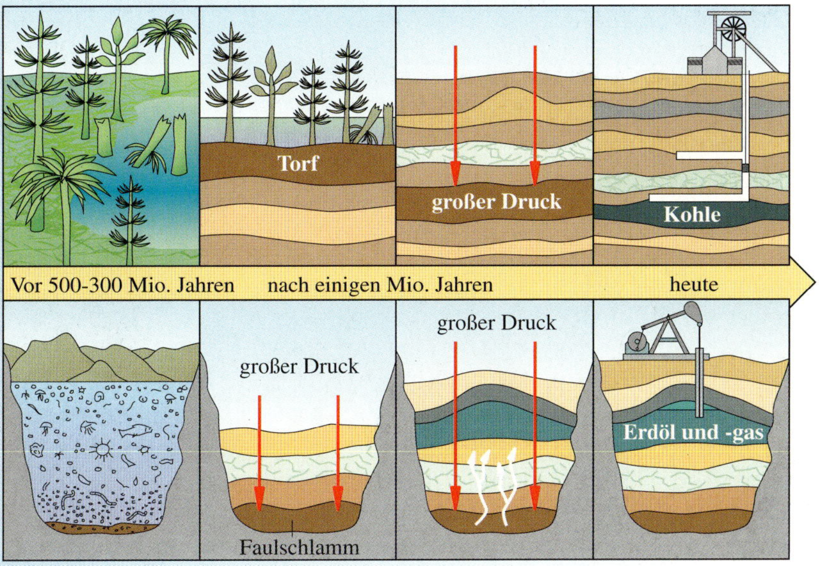

E. Kohle, Öl und Gas sind bald verbraucht

In Kraftwerken und in den Heizungen unserer Häuser werden Kohle, Erdöl und Erdgas verbrannt. Wir haben bisher nicht gesagt, woher diese Brennstoffe eigentlich ihre Energie haben. Sie ist ursprünglich aus **Sonnenenergie** gewandelt worden. Vor Millionen von Jahren sind im Licht der Sonne Pflanzen und Kleinlebewesen gewachsen, aus denen die Brennstoffe wurden, die wir heute aus der Tiefe der Erde fördern. Seit kaum mehr als 150 Jahren werden sie überall auf der Erde intensiv genutzt. Kohle, Erdöl und Erdgas sind wichtige Energieträger, ihr Vorrat ist aber schon jetzt knapp geworden. *Die fossilen Energievorräte sind nicht erneuerbar.*
Erdöl ist außerdem Grundlage für Benzin und andere Treibstoffe, die für Verbrennungsmotoren benötigt werden. Zusätzlich dient es als Grundstoff zur Produktion vieler Dinge des täglichen Lebens – viel zu schade also, um in Heizungen verbrannt zu werden.

F. Erneuerbare Energie kann Umwelt schonen

Von erneuerbarer (oder regenerativer) Energie spricht man, wenn es nicht Millionen von Jahren dauert, die Energie-Übertragungskette zu durchlaufen.
Sonnenstrahlung, Wind und Regen (der einen hoch gelegenen Stausee füllt) liefern Energie, die *sofort* genutzt werden kann:

- Sonnenkollektoren wandeln die Energie der Sonnenstrahlung,
- Windräder wandeln Bewegungsenergie der Luft,
- Wasserkraftwerke wandeln Bewegungsenergie des bergab strömenden Wassers.

Ob derartige Kraftwerke umweltschonend sind, hängt davon ab, wie viel Energie aufgewendet werden muss, um ihre Bauteile herzustellen und wie viele dauerhafte Eingriffe in die Landschaft nötig sind, um sie in ausreichender Größe zu bauen.
Weil Windkraftwerke in der Landschaft häufig auf den Widerstand der dort wohnenden Menschen stoßen, denkt man über Windkraftanlagen nach, die im Meer („offshore") aufgestellt werden.

G. Energie sparen heißt weniger Energie nutzen

Es ist einleuchtend, dass wir Energie sparen, wenn wir Energie-Übertragungsketten anhalten oder gar nicht erst in Gang setzen. Wir sollen deshalb die Beleuchtung im Klassenzimmer ausschalten, wenn sie nicht benötigt wird (z. B. in den Pausen).

Energie sparen kann man aber auch, wenn man die Menge der in einer Energie-Übertragungskette fließenden Energie verringert. Die Heizung ist ein gutes Beispiel dafür. Wer die Temperatur im Raum durch geöffnete Fenster senken will, verstärkt den Energiestrom, wer das Heizkörperventil zudreht, verringert ihn.

Das ist wichtig

1. Licht

Licht breitet sich zwischen **Sender** und **Empfänger** geradlinig aus.
Lampen, eine Flamme und die Sonne sind Beispiele für Lichtquellen (Sender), das Auge und die Solarzelle sind Lichtempfänger.

2. Wir sehen einen Gegenstand, ...

... wenn Licht von ihm in unser Auge gelangt. Das ist dann der Fall, wenn
- ... der Gegenstand selbst eine Lichtquelle ist,
- ... der Gegenstand beleuchtet wird.

3. Mondphasen und Finsternisse

Mondphasen entstehen, weil wir täglich einen etwas anderen Teil der beleuchteten Mondhalbkugel sehen.
Tritt der Mond in den Kernschatten der Erde, so entsteht eine **Mondfinsternis**.
Tritt die Erde in den Schatten des Mondes, so entsteht eine **Sonnenfinsternis**.

4. Spiegelbilder und Reflexion

Trifft Licht von einem Gegenstand nach der Reflexion am Spiegel in unser Auge, so sehen wir das **Spiegelbild** des Gegenstandes. Das Spiegelbild
- ... erscheint senkrecht gegenüber der Spiegelfläche und im gleichen Abstand vom Spiegel wie der Gegenstand.
- ... ist genau so groß wie der Gegenstand.
- ... ist aufrecht und seitenrichtig.

Der Spiegel vertauscht vorne und hinten.

Für schmale Lichtbündel gilt das **Reflexionsgesetz**:
- ... Einfallendes und reflektiertes Lichtbündel liegen in einer Ebene senkrecht zum Spiegel.
- ... Einfallswinkel und Reflexionswinkel sind stets gleich groß.

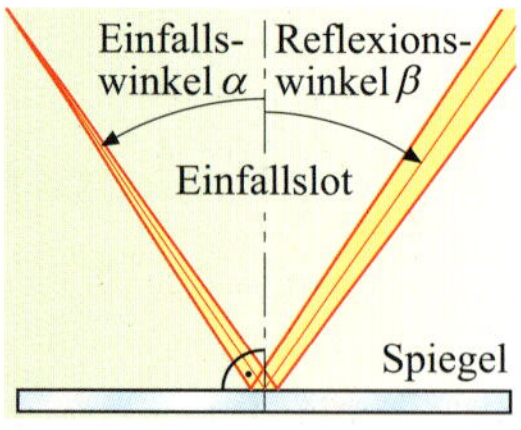

5. Linsen erzeugen Bilder

Linsen verformen Lichtbündel.
Licht einer weit entfernten Lichtquelle wird hinter der Sammellinse im Abstand ihrer Brennweite in einem Punkt gebündelt.

Von Gegenständen, die weiter als die Brennweite vor der Linse stehen, erzeugt die Linse auf einem Schirm ein Bild. **Linsenbilder** sind
- ... höhen- und seitenverkehrt,
- ... scharf, wenn der Schirm im richtigen Abstand hinter der Linse steht.

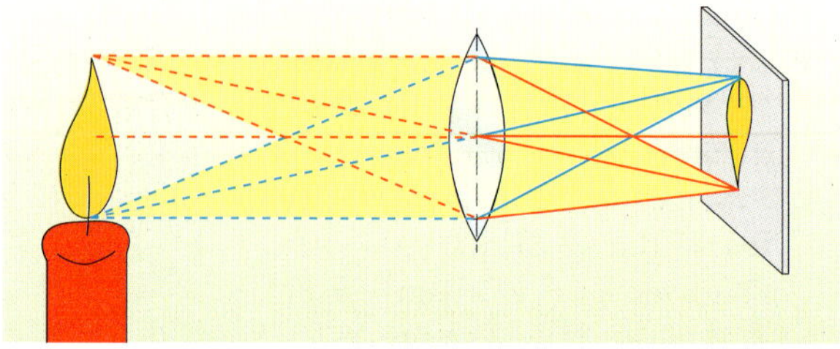

Im menschlichen **Auge** erzeugt eine Linse ein Bild auf der Netzhaut.
Durch **Akkommodation** stellt das Auge die Bilder scharf. Dabei wird die Brennweite der Augenlinse verändert.
Sammellinsen oder Zerstreuungslinsen in Brillen korrigieren Augenfehler.

6. Lichtbrechung

Beim Übergang von einem durchsichtigen Körper in einen anderen wird ein Lichtbündel teilweise reflektiert und teilweise gebrochen. Einfallendes, reflektiertes und gebrochenes Lichtbündel liegen in einer Ebene senkrecht zur Grenzfläche.
Für die Lichtbrechung gilt:
- Je schräger ein Lichtbündel auf die Grenzfläche auftrifft, desto stärker ist die Brechung.
- Die Stärke der Lichtbrechung hängt auch vom Material der durchsichtigen Körper ab.

Lichtbrechung führt oft zu **optischen Täuschungen**. Gegenstände scheinen sich dann an anderen Stellen zu befinden.

7. Weißes Licht besteht aus Spektralfarben

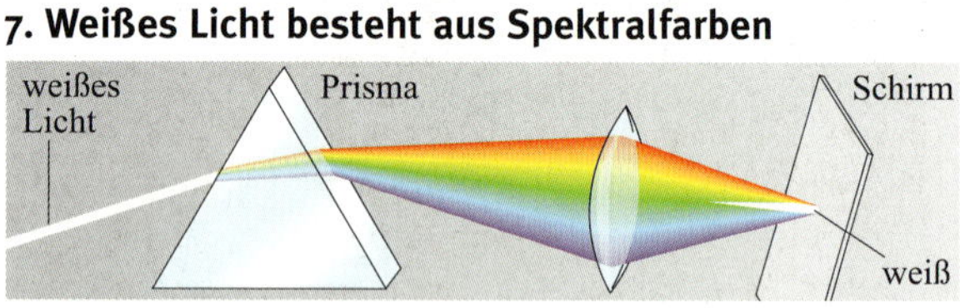

Weißes Glühlicht oder Sonnenlicht besteht aus allen farbigen Lichtern des Spektrums. Blaues Licht wird an der Grenzfläche Luft → Glas stärker gebrochen als rotes. Das Prisma zerlegt durch Zweifachbrechung das weiße Licht in seine Bestandteile. Führt man alle diese farbigen Lichter des Spektrums wieder zusammen, so entsteht in unserem Auge der Eindruck Weiß.

Mach's selbst

A1: Du befindest dich bei Tag in einem Zimmer, das lediglich ein Fenster nach Norden hat. Warum ist es auch ohne Einschalten der Zimmerlampe hell im Raum?

A2: a) Wir erkennen einen weißen Ball vor einem schwarzen Tuch. Erkläre. **b)** Wir erkennen einen schwarzen Ball vor einem weißen Tuch. Erkläre. **c)** Wir erkennen einen weißen Ball kaum vor einem weißen Tuch. Erkläre.

A3: Leon will beim Schattentheater mit einer einzigen Pappfigur zwei Schattenbilder erzeugen. Er nimmt dazu zwei Lampen als Lichtquellen, die er nebeneinander stellt. Worauf muss er achten, damit sein Vorhaben gelingt? Verdeutliche die Situation in einer Skizze.

A4: Der Mond umrundet die Erde etwa jeden Monat einmal. Wir beobachten die Mondphasen. Beschreibe, wie sich die Mondphasen entwickeln würden, wenn der Mond sich anders herum um die Erde bewegte.

A5: a) Bei der totalen Sonnenfinsternis erscheint die Mondscheibe von der Erde aus etwas größer als die Sonnenscheibe.

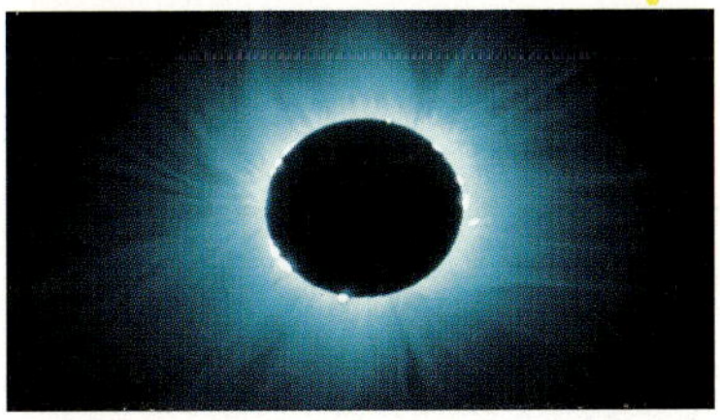

Manchmal ist es jedoch umgekehrt. Wie sieht dann ein Beobachter von der Erde aus die Sonne? **b)** Der Planet Mars hat sogar zwei Monde, die ihn umrunden. Trotzdem wird man von seiner Oberfläche aus niemals eine totale Sonnenfinsternis beobachten können. Nenne mögliche Ursachen.

A6: Du betrachtest am Ufer eines Sees das Spiegelbild des Vollmondes. Beschreibe den Weg des Lichts von der Lichtquelle bis zu deinem Auge.

A7: Das Foto zeigt einen Teil des Berliner Fernsehturms. Erkläre, warum nur manche Fenster blenden.

A8: Die Zeichnung zeigt den Verlauf eines schmalen Lichtbündels (Laserlicht).

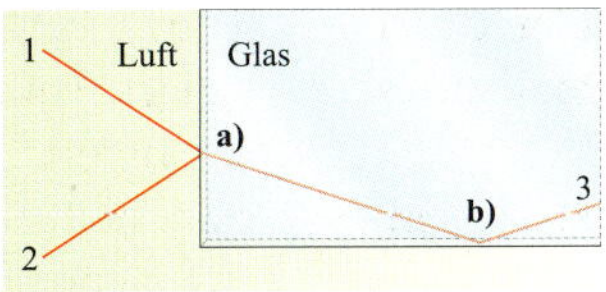

Was geschieht an den „Knickstellen" a) und b)? Aus welcher Richtung kommt das Licht (1, 2 oder 3)?

A9: Du spazierst bei schönem Wetter unter Bäumen. Auf dem Bürgersteig siehst du helle Kreise wie auf dem Foto.

a) Wie entstehen diese Kreise?
b) Was beobachtet man bei leichtem Wind?

A10: Eine Linse hat die Brennweite 5 cm. Eine Kerze steht 10 cm vor der Linse. Auf einem Schirm, der 10 cm hinter der Linse steht, ist ein Flammenbild entstanden. **a)** Was muss man verändern, um ein größeres Flammenbild zu erhalten? **b)** Die Kerze wird immer weiter von der Linse entfernt. Wohin muss man den Schirm verschieben? Wie verändert sich das Bild?

A11: Deine Mutter kommt morgens in dein Zimmer, um dich zu wecken. Du öffnest die Augen und bist geblendet. Begründe.

Stichwortverzeichnis